乐享不同季节的编织

05

7 页

06

8 页

07

9 页

08

10 页

09

11 页

感觉微妙、极富韵味的手编

14

17 页

15

18 页

16

19 页

17

20 页

18

21 页

时尚温暖的套穿

25

25 页

26

26 页

27

27 页

28

28 页

29

29 页

历久弥新的传统花样

以麻花花样为代表的传统编织花样，
永远给人以亲切感，并代代相传。
虽然花样自古就有，
但依然可以设计出独创性和新鲜感。
无论是编织，还是穿着，
富有魅力的编织花样总会引人注目。

单扣开衫

柔软、温暖的材质，
斜着设计的麻花花样，
带着模糊的阴影，
成为一件充满独创性的作品。

设计 / 那和智子
使用线 / Ski
编织方法 / 33 页

01

花样柔美的开衫

简单的条纹花样打底，
上面的锯齿状树叶花样很显眼。
选择带着上乘质感的柔和色调，
穿上则具有女性的温婉之美。

设计 / 岸 睦子
制作 / 上野裕子
使用线 / Ski
编织方法 / 37 页

02

宽领套头衫

麻花花样清晰地呈现在织片上，
很有律动感。
宽圆领的设计，
很有季节感，
让人觉得既暖和又舒适。

设计 / 田村加奈惠
使用线 / Ski
编织方法 / 41 页

03

七分袖套头衫

这件套头衫的款式比较简单，
中间设计的菱形格花样
和两侧的麻花花样营造出丰富的感觉。
线材是色调柔和的手染线。

设计 / 矢野康子
制作 / 坂本令子
使用线 / Ski
编织方法 / 44 页

04

侧开衩背心

略微倾斜的麻花花样，
将胁部向前身片拉了一些。
浅浅的 V 领设计，
给休闲的背心增添了一份柔和之美。

设计 / 田村加奈惠
使用线 / Ski
编织方法 / 46 页

05

立领套头衫

将象征着命运之网的强有力的麻花花样，
设计在前身片的中心处。
选择温暖的羊毛材质的结粒毛线，
编织出色彩斑斓的立领套头衫。

设计 / 冈真理子
制作 / 水野 顺
使用线 / Ski
编织方法 / 48 页

06

斗篷

07

线条圆润的斗篷，
带着可爱的感觉。
厚实的织法，看上去就暖融融的。
段染的竹节花式纱线，
是很适合冬天的线材。

设计 / 岸 睦子
制作 / 佐野由纪子
使用线 / Ski
编织方法 / 52 页

乐享不同季节的编织

在四季分明的日本，
穿着符合季节的衣服，
尤为重要。
气候在一年年地变化。
在有暖气陪伴的今天，
着装已不再拘泥于季节，
适合秋、冬、春三季的服饰，
愈发受人关注。

08

09

套头衫

不对称编织的镂空花样，
享受套穿的乐趣。
使用带着雅致光泽的铜氨纤维线，
让作品非常轻柔。

设计 / Fukiko
使用线 / Ski
编织方法 / 54 页

菱形花样开衫

长针中，
呈现小小的菱形花样，
整体给人的感觉很自然。
经典的基础设计款，
不会受流行潮流的影响，
可以穿得很久。

设计 / 河合真弓
制作 / 松本良子
使用线 / Ski
编织方法 / 59 页

10

樱花季背心

纤细、柔美的小花和叶子花样，
给人温暖的感觉。
这件背心，
仿佛带着樱花飞舞的春天的气息。

设计 / Fukiko
使用线 / Ski
编织方法 / 63 页

大V领套头衫

下摆和袖口如同吊灯罩，
这种边缘编织很有个性。
套头衫整体使用了两种花样，
领口处用罗纹绳系成的蝴蝶结，
可以取下。

设计 / 伊藤由香里
使用线 /Ski
编织方法 /67 页

11

12

玛格利特披肩

独具匠心的衣领，
张弛有度的镂空花样，
给人与众不同的感觉。
闪着雅致的光泽的小披肩，
温柔地包裹着我们的身体。

设计 / 镰田惠美子
制作 / 饭塚静代
使用线 /Ski
编织方法 /72 页

小翻领背心

横向编织的四边形织片，
简单而优美。
用沉稳的渐变色，
编织出浪纹花样，
让作品非常有女人味。

设计 / 角田奈津子
使用线 / Ski
编织方法 / 74 页

13

感觉微妙、极富韵味的手编

使用独具匠心的素材，
认真编织简单的花样，
不花哨，却带着手工编织
特有的韵味。
毛衫中似乎织入了的空气，
给人温暖的感觉。

套头衫

柔粉色可以提亮肤色，
胸前的装饰领结也很别致。
毛衫整体带着怀旧的感觉，
整齐的菱形格花样，
很有淑女范儿。

设计 / 武田敦子
制作 / 亚砂子
使用线 / Ski
编织方法 / 76 页

14

插肩袖套头衫

身片使用了三种颜色的拉针，
具有立体感，给人一种微妙的感觉。
插肩袖的设计便于手臂活动，
不仅有便装的舒适感，而且还很漂亮。

设计 / 柴田 淳
使用线 / Ski
编织方法 / 62 页

15

16

背心

用段染线编织的交叉滑针，
就像印象派的绘画一样，
演绎出了鲜艳的花样。
前短后长的设计，
给人一种休闲的感觉。

设计 / 武田敦子
制作 / 饭塚静代
使用线 / Ski
编织方法 / 78 页

短袖套头衫

像扭针一样的编织花样，
有分量感，而且饶有趣味，引人注目。
洛皮毛线上的粒结也很吸睛，
看着厚实，穿着却很轻软。

设计 / 久松幸子
使用线 / Ski
编织方法 / 80 页

17

落肩袖套头衫

滑针的花样在此作品上有三种变化，
整体的轮廓给人休闲的感觉。
灰白色勾勒的像森林般的花样，
和寒冷的季节融为一体。

设计 / 小野琇未
使用线 / Ski
编织方法 / 81 页

18

帽子和围巾

主角是五彩缤纷的圈圈线。
在长针编织中加入拉针，
织片就有了立体感。
戴上配套的小物，觉得更加暖和了。

设计 / 镰田惠美子
使用线 / Ski
编织方法 / 84、85 页

寒冷季节的名角

精心设计的围巾和帽子，
让冬季充满时尚感。
让心仪的小物陪伴自己，
快乐地度过每一天吧。

帽子

经典的阿兰花样的帽子，
让人不知不觉中戴了一天又一天。
使用粗花呢线编织的帽子更加厚实。

设计 / C.dream 小泉香织
制作 / 香子
使用线 / Ski
编织方法 /36 页

围巾

钩织短针和锁针，整体斜着钩织，
独具韵味的色调也很值得玩味。
枣形针织成的流苏也格外好看。

设计 / 原田千惠子
使用线 / Ski
编织方法 / 40 页

肩颈暖

戴上后，
整个颈部和肩部立刻暖和起来。
同时让自己看起来更加时尚。
使用简单的双罗纹针编织，
也可以穿在外套里面。

设计 / 岸 睦子
使用线 / Ski
编织方法 / 58 页

围巾

用色调柔和的线材，
做白桦编织。
戴上这样的围巾，
从身体到心里，
都觉得美美的、暖暖的。

设计 / Ski 毛线工作室
使用线 / Ski
编织方法 / 66 页

时尚温暖的套穿

这是寒冷的季节里很经典的穿法。
单穿一件也很好看，
套穿在别的衣服的外面也会有别样的感觉。

经典开衫

经典风的无领开衫，
带着女性特有的优雅感。
两边的编织花样很有个性，
可根据个人喜好，
穿出有风格的搭配。

设计 / 岸 睦子
使用线 / Ski
编织方法 / 86 页

25

波莱罗开衫

这是一件非常有女人味的
波莱罗风情的开衫。
将六边形的花片连在一起，
套穿在衬衫外面，
兼具保暖性和时尚感。

设计 / 矢野康子
制作 / 长谷川千代子
使用线 / Ski
编织方法 / 89 页

26

秋日风情背心

不对称的花样设计，
让人眼前一亮。
活跃在秋冬季节的设计，
加上带着秋季风情的明媚色调，
给凉风徐来的季节带来温暖。

设计 / 今井泰子
使用线 / Ski
编织方法 / 94 页

27

28

圆育克背心

五彩缤纷的段染线和锯齿状花样，
给单调的冬季服饰增添了华丽之感。
圆育克包住了肩部，
给人温暖有加之感。

设计 / 今井泰子
使用线 / Ski
编织方法 / 98 页

背心

这是由双罗纹针和锯齿状花样
组成的方形轮廓的背心。
使用了很有个性的意大利毛线，
轻柔而有吸引力。
简单的背心，让秋冬的服饰倍增魅力。

设计 / C.dream 小泉香织
制作 / 仓田静香
使用线 / Ski
编织方法 / 88 页

29

30

无扣开衫

设计了许许多多的镂空网眼，
边缘用细碎的流苏装饰。
这件波莱罗风情的开衫，
很有女人味。
使用浪漫的紫色系毛线，
让冬季不再单调。

设计 / 河合真弓
制作 / 堀口美雪
使用线 / Ski
编织方法 / 71 页

31

系带式背心

在下摆设计了有立体感的麻花花样，
朴素的颜色，
夹杂着的金丝线，
让作品看起来并不单调。
穿上去，看起来成熟且稳重。

设计 / 河合真弓
制作 / 合田房子
使用线 /Ski
编织方法 / 100 页

本书使用线材一览

※ 图片为实物粗细

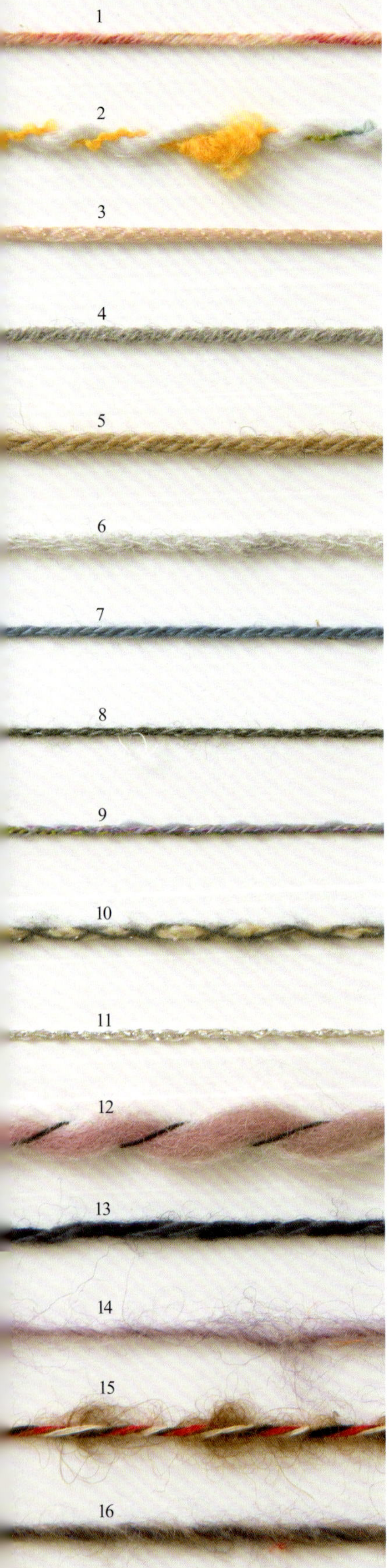

线名	成分	粗细	色数	规格	线长	推荐用针	下针编织密度
1 Ski Polwarth Plus Hand Dye	羊毛100%（波耳沃斯羊毛）	粗	8色	35g/团	约87m	6号、7号 6/0号、7/0号	21~23针 29~31行
2 Ski Bone	羊毛92% 锦纶8%	极粗	6色	40g/团	约54m	8~11号 7/0~10/0号	15~18针 20~23行
3 Ski Luno	铜氨纤维43% 腈纶40% 羊毛17%	粗	12色	30g/团	约82m	5~7号 5/0~6/0号	20~22针 25~27行
4 Ski Tasmanian Polwarth	羊毛100% （波耳沃斯羊毛）	粗	28色	40g/团	约134m	4～6号 5/0~6/0号	21~24针 32~34行
5 Ski UK Blend Melange	羊毛100% （50%使用英国羊毛）	极粗	26色	40g/团	约70m	8~10号 7.5/0~9/0号	16~18针 22~23行
6 Ski Fuwarl	羊毛48% 锦纶40% 羊驼毛12%	中粗	9色	30g/团	约83m	6～8号 6/0~8/0号	17~18针 26~27行
7 Ski Merino Silk	羊毛60%（美利奴） 真丝40%	粗	11色	30g/团	约113m	4～6号 4/0~6/0号	22~24针 32~34行
8 Ski 风花	羊毛60% 亚麻20% 苎麻20%	中细	10色	30g/团	约114m	3~5号 4/0~5/0号	24~27针 31~35行
9 Ski Allegro	羊毛37%　腈纶29% 人造丝17%　聚酯纤维13%　锦纶4%	粗	9色	30g/团	约106m	4～6号 4/0~6/0号	20~22针 28~31行
10 Ski Foggy	羊毛32%　腈纶26% 真丝21%　锦纶20% 聚酯纤维1%	粗	8色	30g/团	约87m	6～8号 6/0~7/0号	16~18针 23~26行
11 Ski Elise	聚酯纤维83% 锦纶17%	中细	6色	25g/卷	约147m	3~5号 2/0~4/0号	27~29针 37~39行
12 Ski Sluby	羊毛91% 锦纶7%	极粗	4色	80g/团	约111m	13~15号 9/0~10/0号	11~12针 17~19行
13 Ski Tweed Tweed	羊毛62% 腈纶34% 聚酯纤维4%	中粗	13色	40g/团	约84m	7~9号 6/0~7/0号	17~18针 24~26行
14 Ski World Selection Camino	腈纶50% 羊毛40% 亚麻10%	粗	7色	40g/团	约140m	5～7号 6/0~7/0号	17~20针 24~28行
15 Ski World Selection Ruben	棉71% 羊驼毛29%	中粗	9色	40g/团	约102m	6～8号 7/0~8/0号	16~18针 23~26行
16 Ski World Selection Fano	羊毛47% 腈纶47% 人造丝6%	中粗	7色	40g/团	约96m	7~9号 7/0~8/0号	15~17针 22~23行

摄影 / 森谷则秋

01

3页

作品的编织方法

●**材料** Ski Fuwarl（中粗）米色（2212）320g/11团，长2.8cm的纽扣1颗

●**工具** 棒针8号、6号，钩针5/0号

●**成品尺寸** 胸围101cm，肩宽34cm，衣长56cm，袖长51cm

●**编织密度** 10cm×10cm面积内：下针编织18.5针，27行

●**编织要点** 身片手指起针，做边缘编织、下针编织和编织花样A、A'、B、C、C'。前身片缝合处加1针，接着编织衣领。袖和身片的起针方法相同，做边缘编织、下针编织。肩部做引拔接合，胁部和袖下使用毛线缝针做挑针缝合。衣领对齐左右两侧的编织终点后做引拔接合，衣领侧边和后身片对齐后做针与行的缝合。钩引拔针将衣袖与身片接合，钩织罗纹绳做纽襻，缝在右前门襟上。

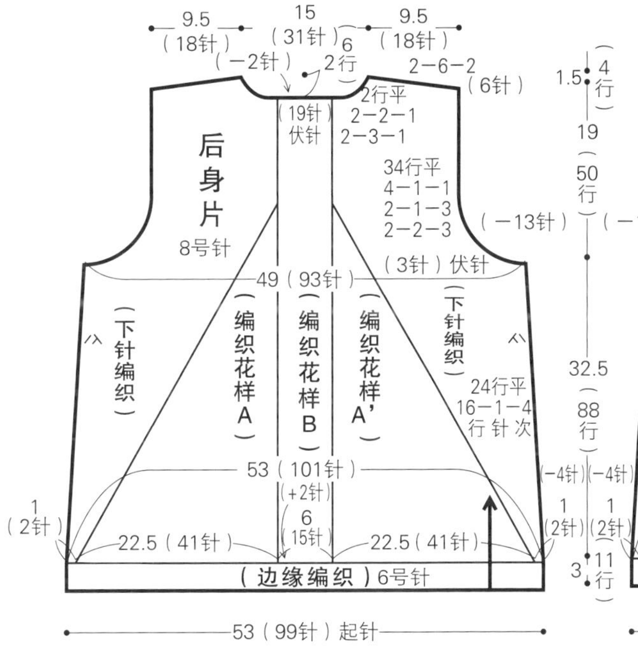

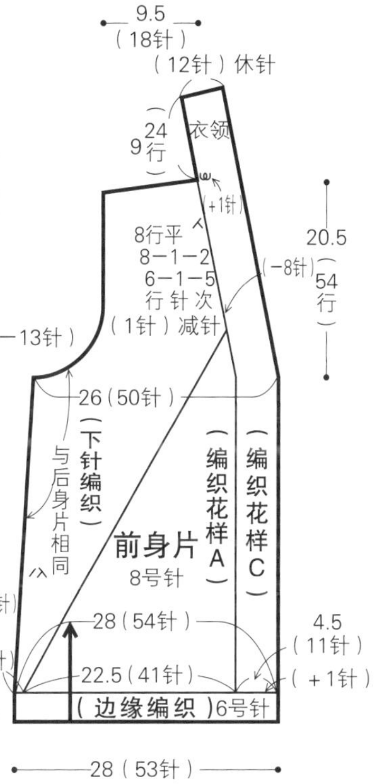

※ 使用1根8号针起针

※ 在右前身片做编织花样C，在左前身片做编织花样C'

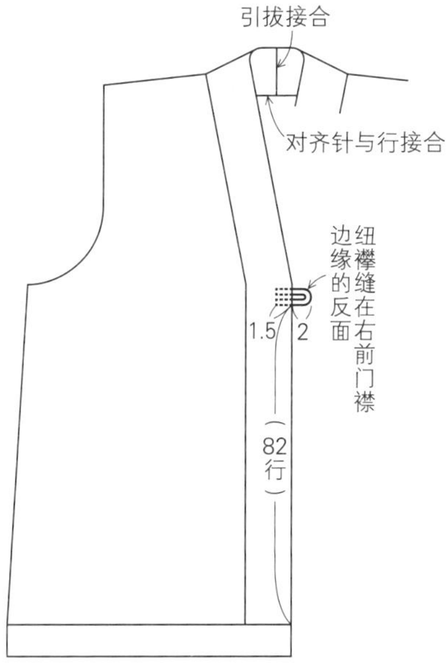

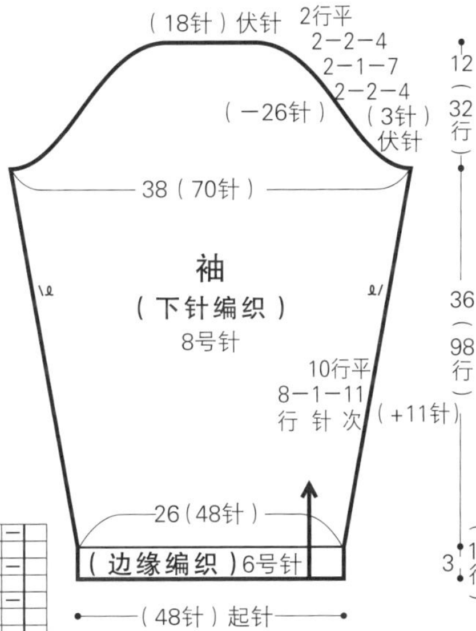

编织花样C

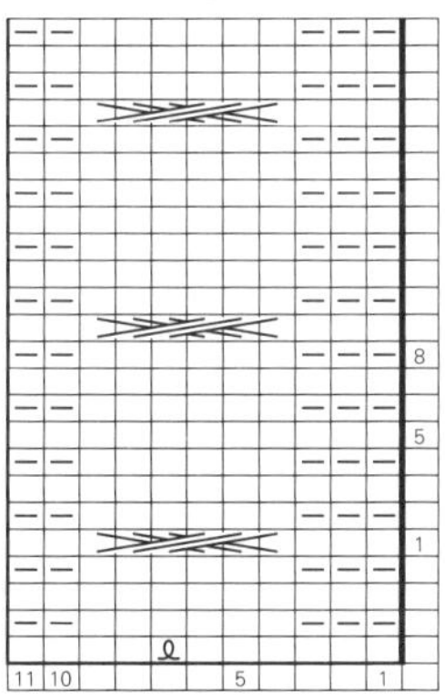

编织花样C'

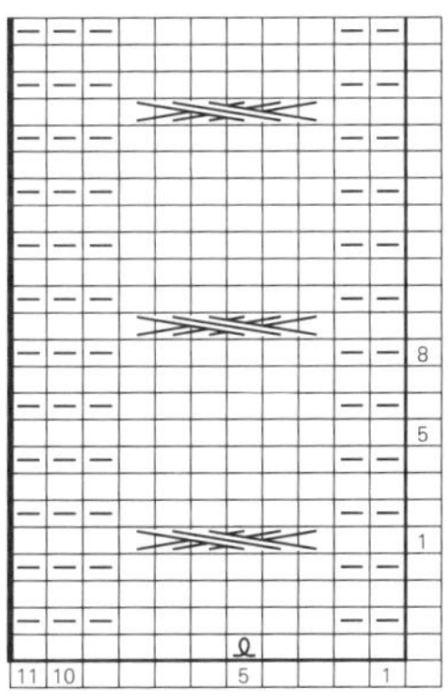

□=▣ 下针　Ⓠ=扭加针

边缘编织

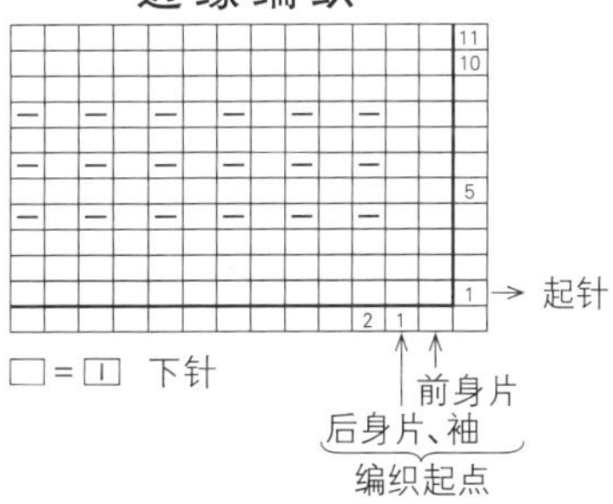

□=▣ 下针

纽襻

（罗纹绳）5/0号针

※ 罗纹绳的钩织方法请参照第101页

※书中未注明单位的数字均以厘米（cm）为单位

34

编织花样C

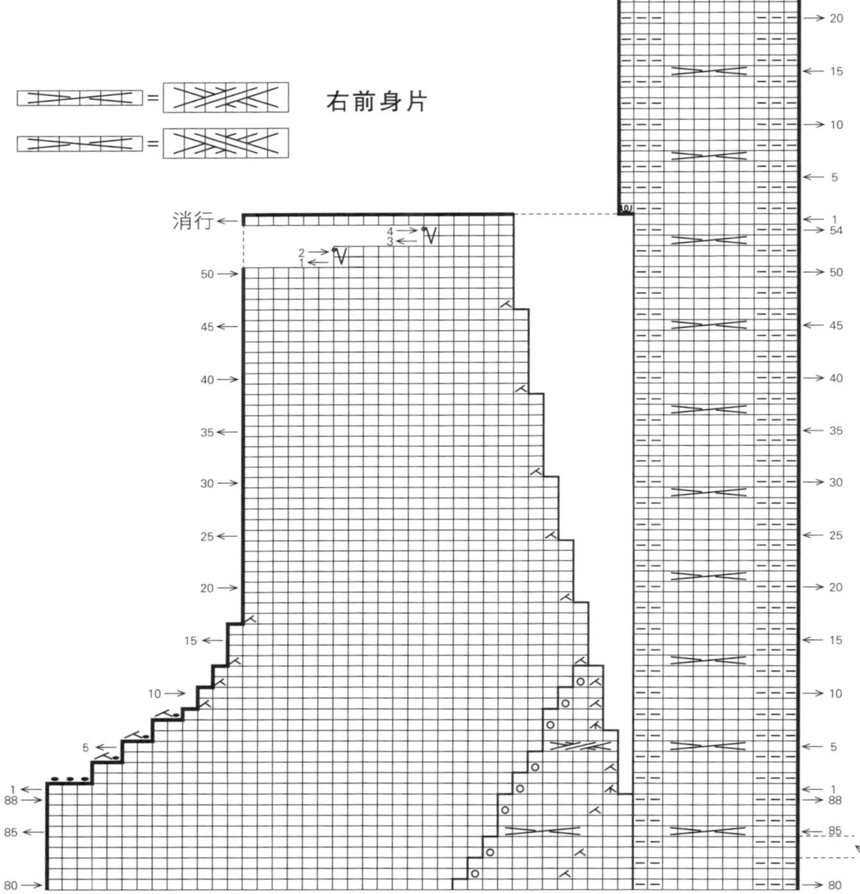

编织花样C’

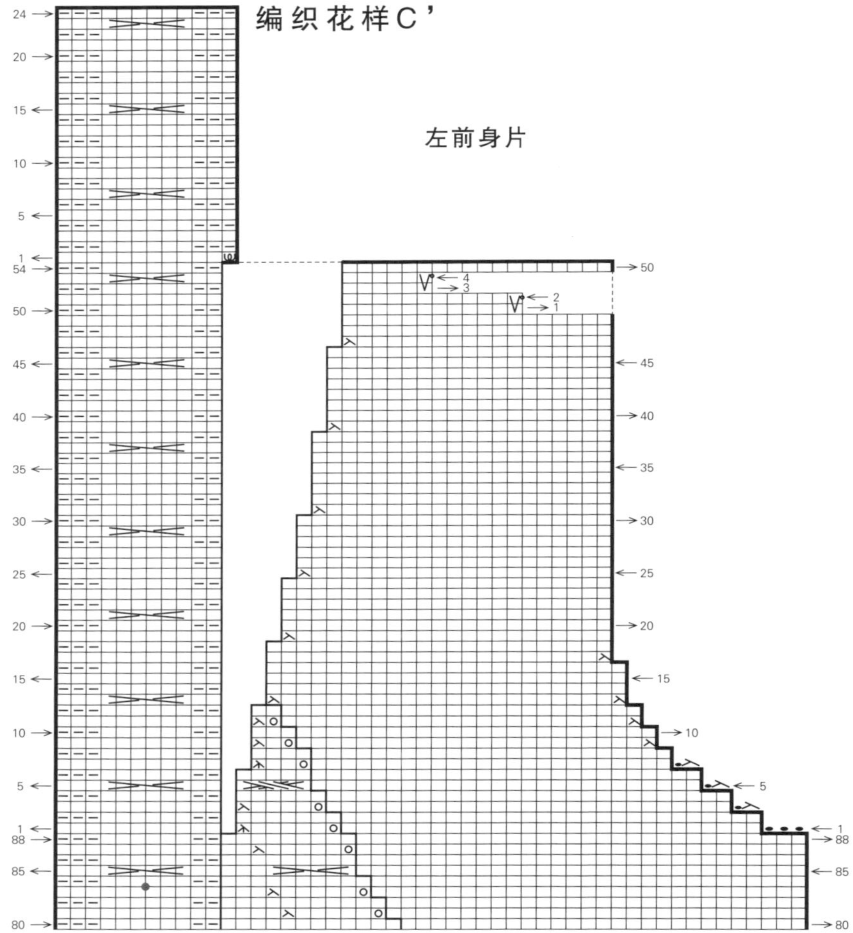

● = 纽扣位置

□ = 丨 下针

编织花样B

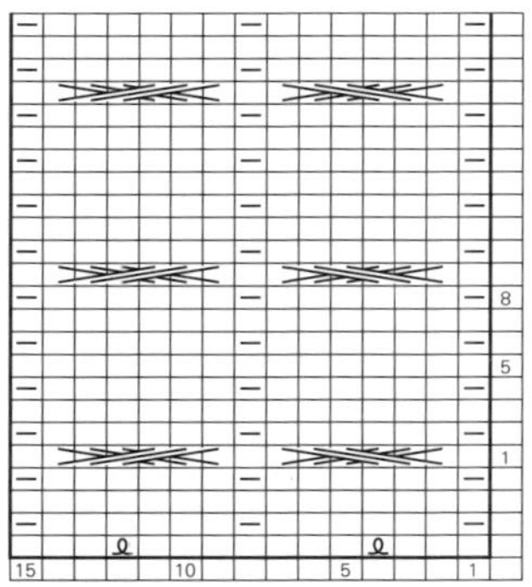

□ = 丨 下针 ℚ = 扭加针

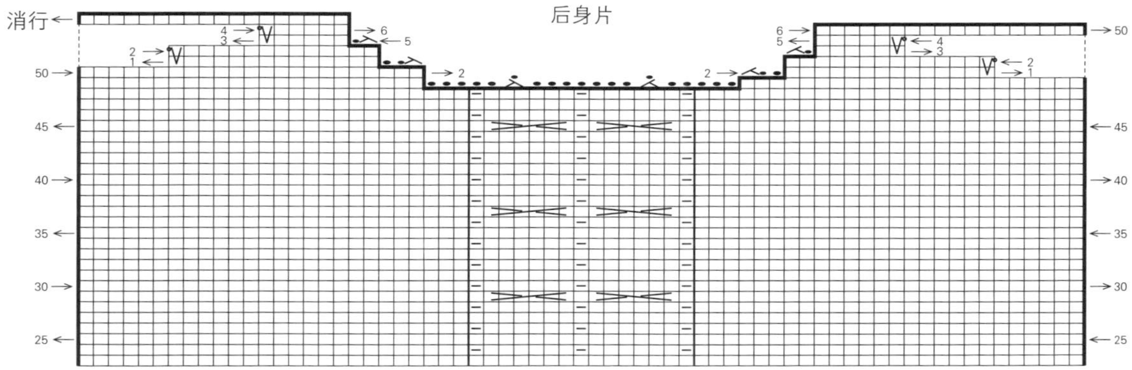

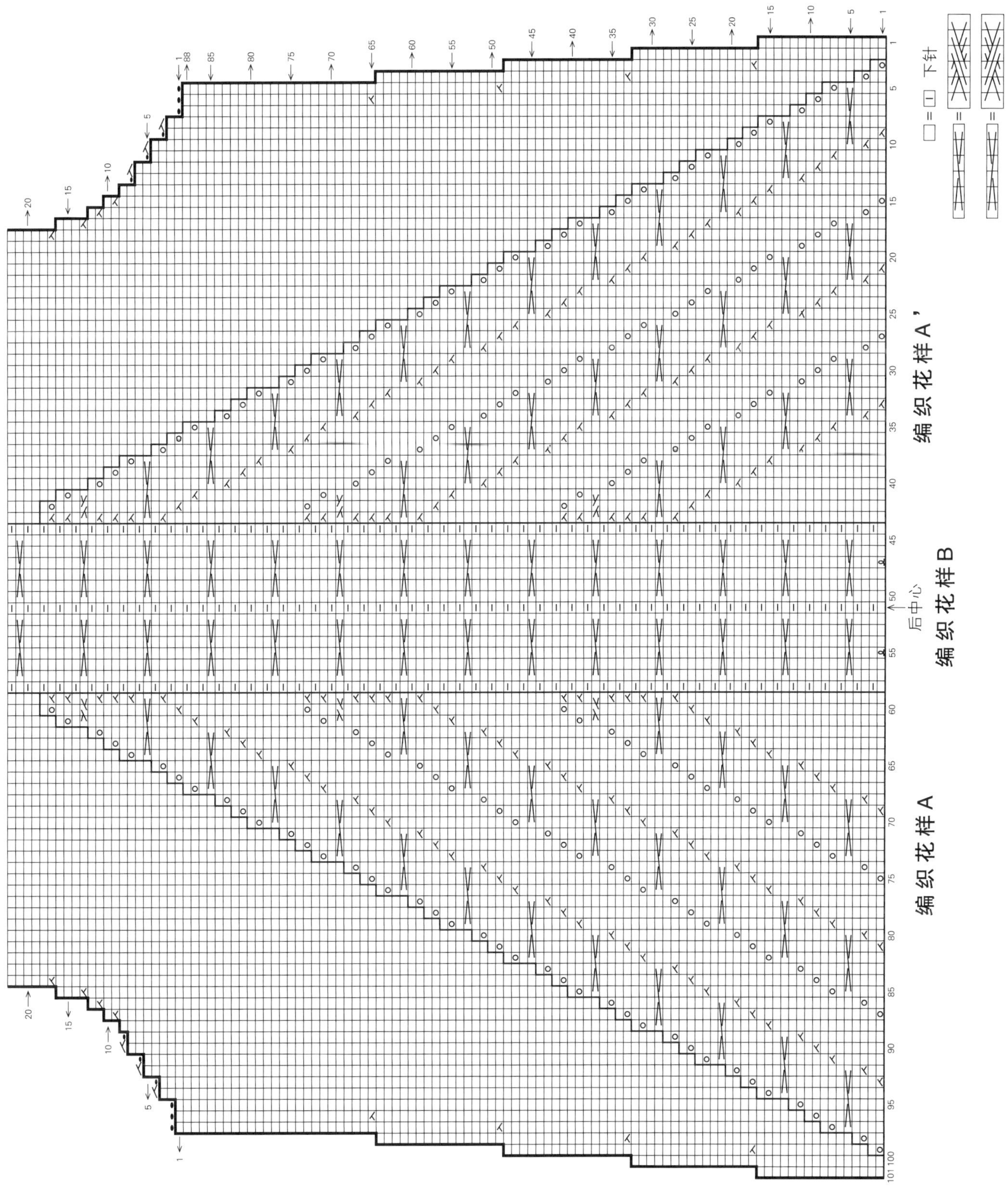
编织花样A'
编织花样B
后中心
编织花样A
□=□ 下针

21

22页

● **材料** Ski Tweed Tweed（中粗）米色（6213）100g/3团

●**工具** 棒针7号、5号

●**成品尺寸** 头围48cm，帽深22.5cm

●**编织密度** 10cm×10cm面积内：编织花样26.5针，28行

●**编织要点** 手指挂线松松地起针，从帽口开始环形编织双罗纹针。从交界处开始做编织花样，在帽顶处按照图示做分散减针，最后剩余24针，穿2圈线后收紧。用蒸汽熨斗熨烫定型。

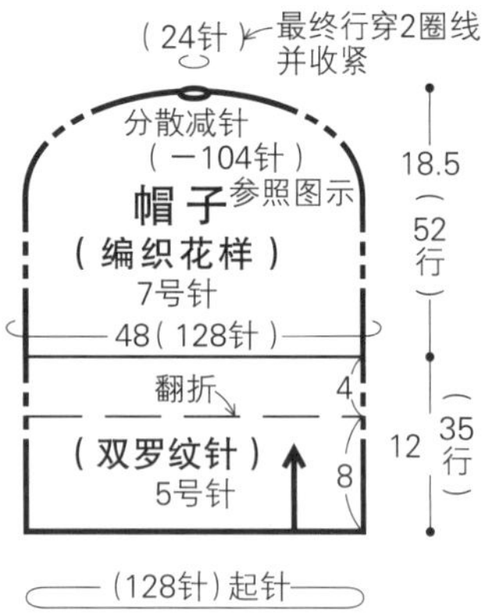

双罗纹针

编织花样和分散减针

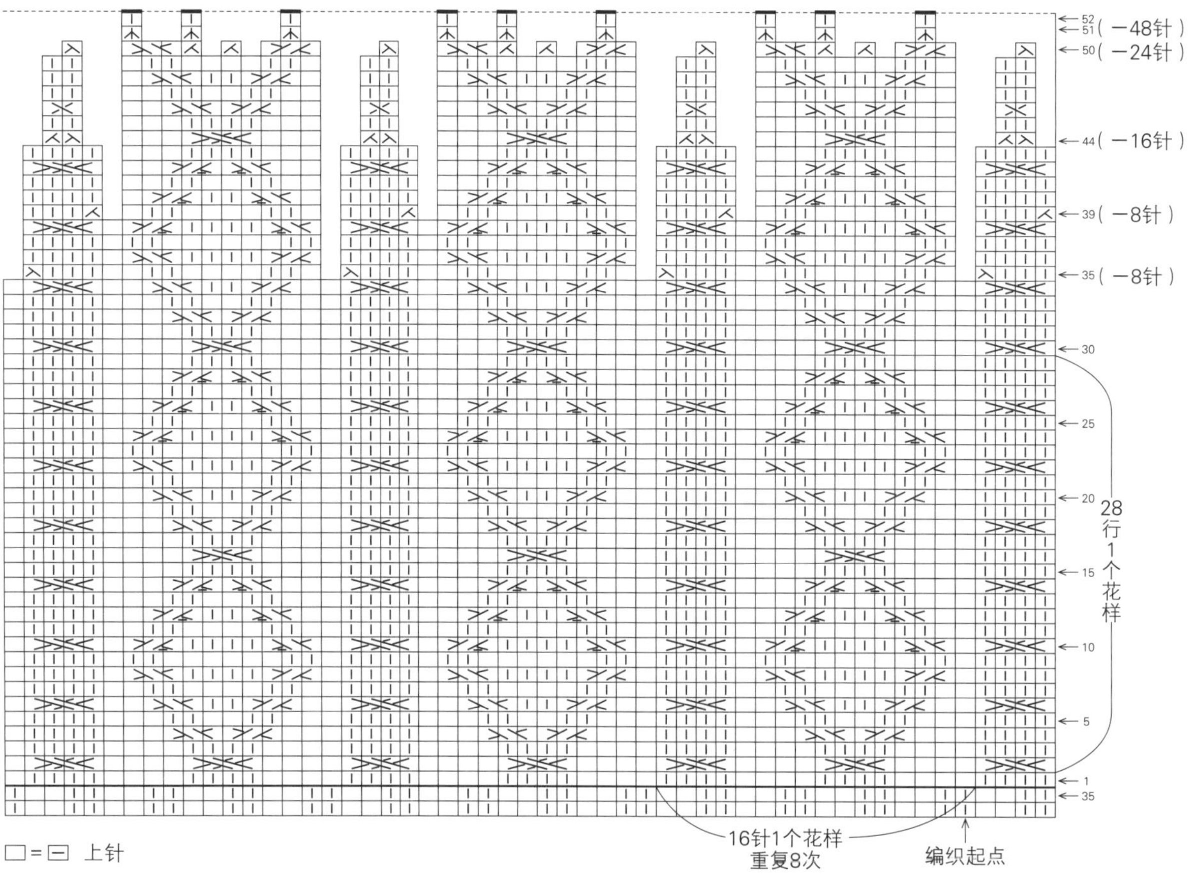

02

4页

●**材料** Ski Merino Silk（粗）灰米色（2615）340g/12 团，直径 1.5cm 的纽扣 6 颗

●**工具** 棒针 5 号，钩针 5/0 号

●**成品尺寸** 胸围 99.5cm，肩宽 36cm，衣长 55cm，袖长 52cm

●**编织密度** 10cm×10cm 面积内：编织花样 A、B、B' 均为 27 针，34 行

●**编织要点** 身片手指起针，按照图示做编织花样 A、B、B'。衣袖做编织花样 A。袖窿、领窝、袖山减针时，2 针及以上时做伏针减针，1 针时立起侧边 1 针减针。袖下加针时，在侧边 1 针内侧编织扭加针。钩引拔针接合前、后肩部，使用毛线缝针缝合胁部和袖下。下摆和袖口做边缘编织 A，衣领、前门襟做边缘编织 B，在右前门襟开扣眼。钩引拔针将衣袖接合于身片。

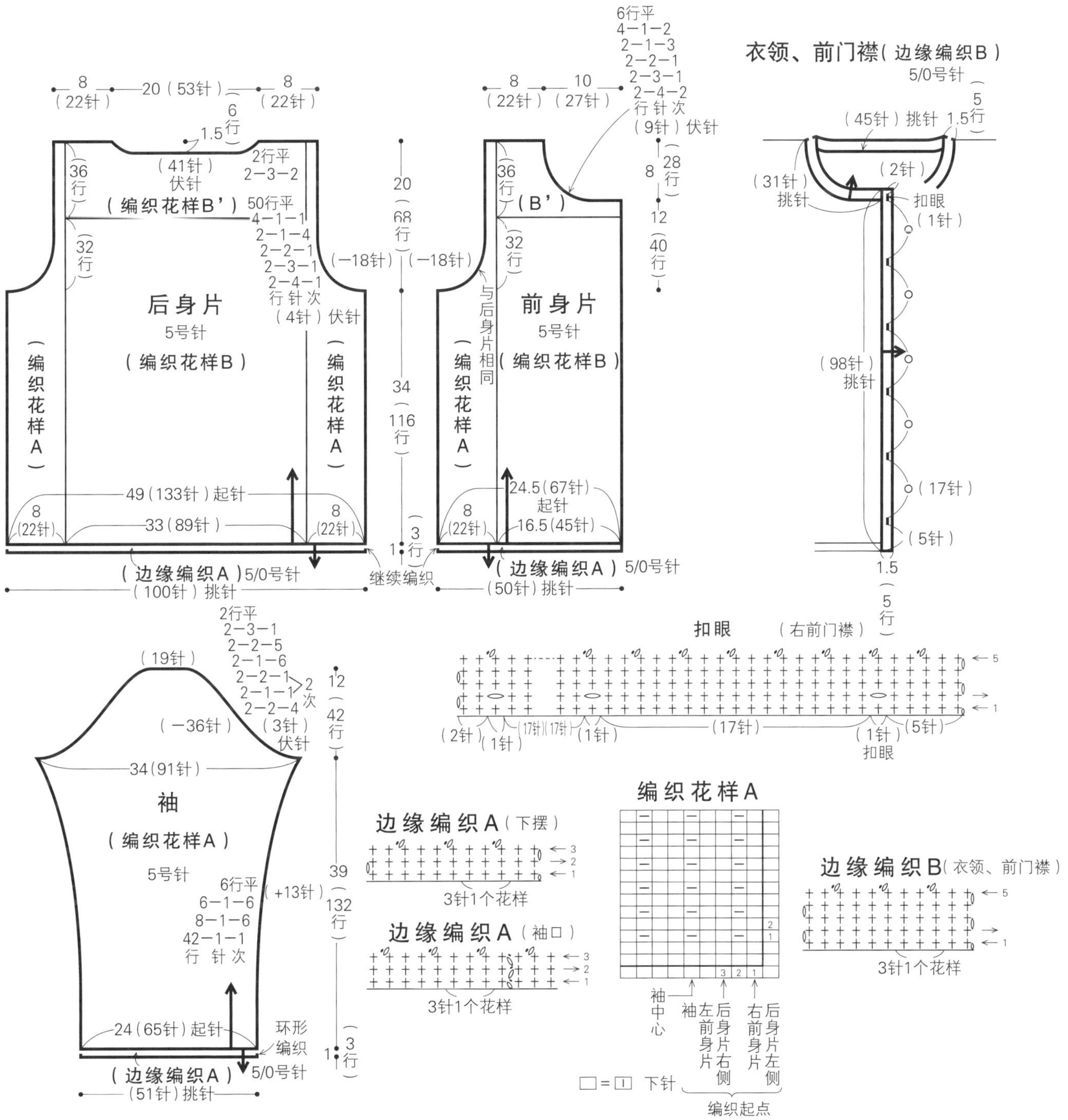

右上3针并1针

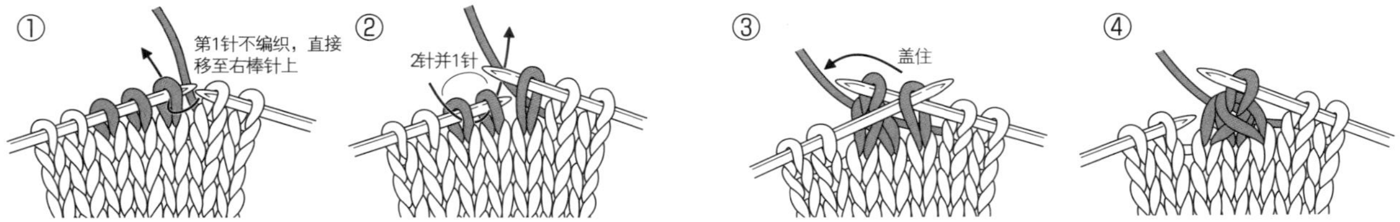

① 将右棒针从织片前面插入右侧的第1针，不编织,直接移至右棒针上。

② 如箭头所示将右棒针插入后面的2针，编织下针。

③ 将左棒针插入移至右棒针的针目，盖住刚刚编织的针目。

④ 右上3针并1针完成。

编织花样B、B’

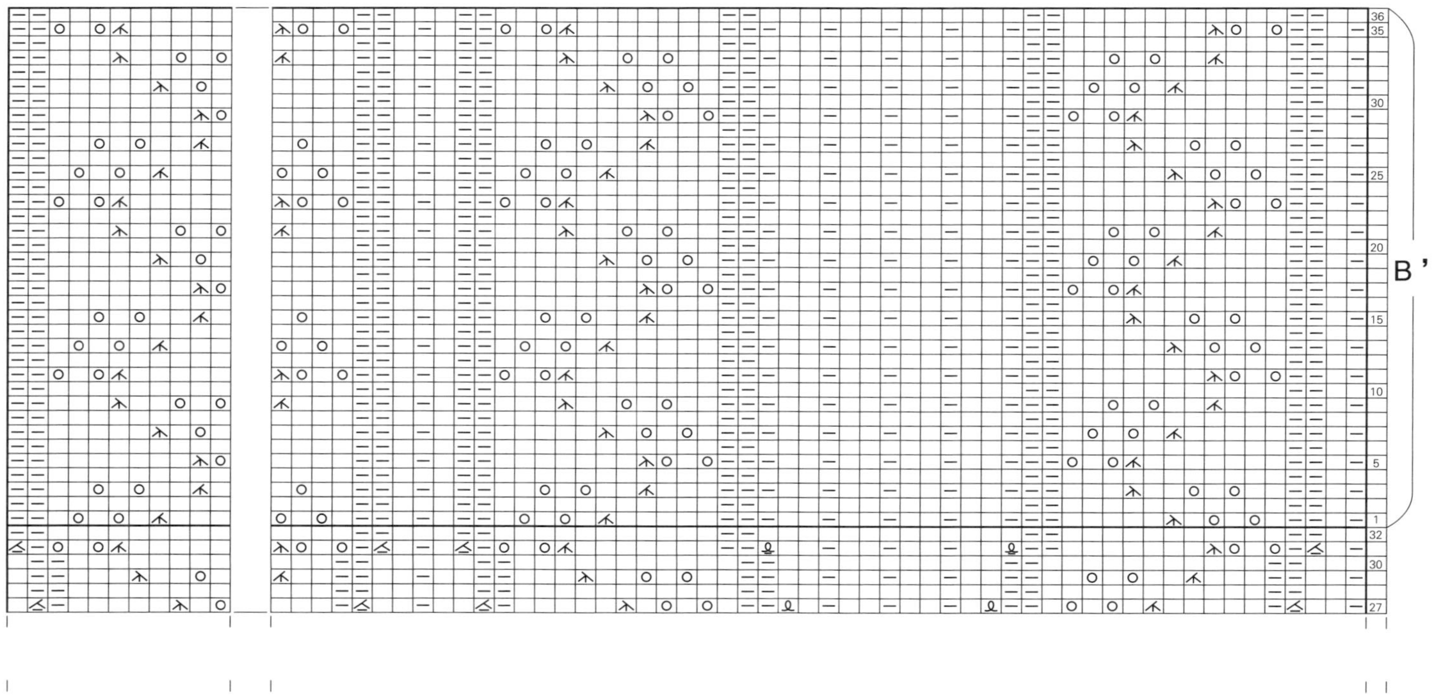

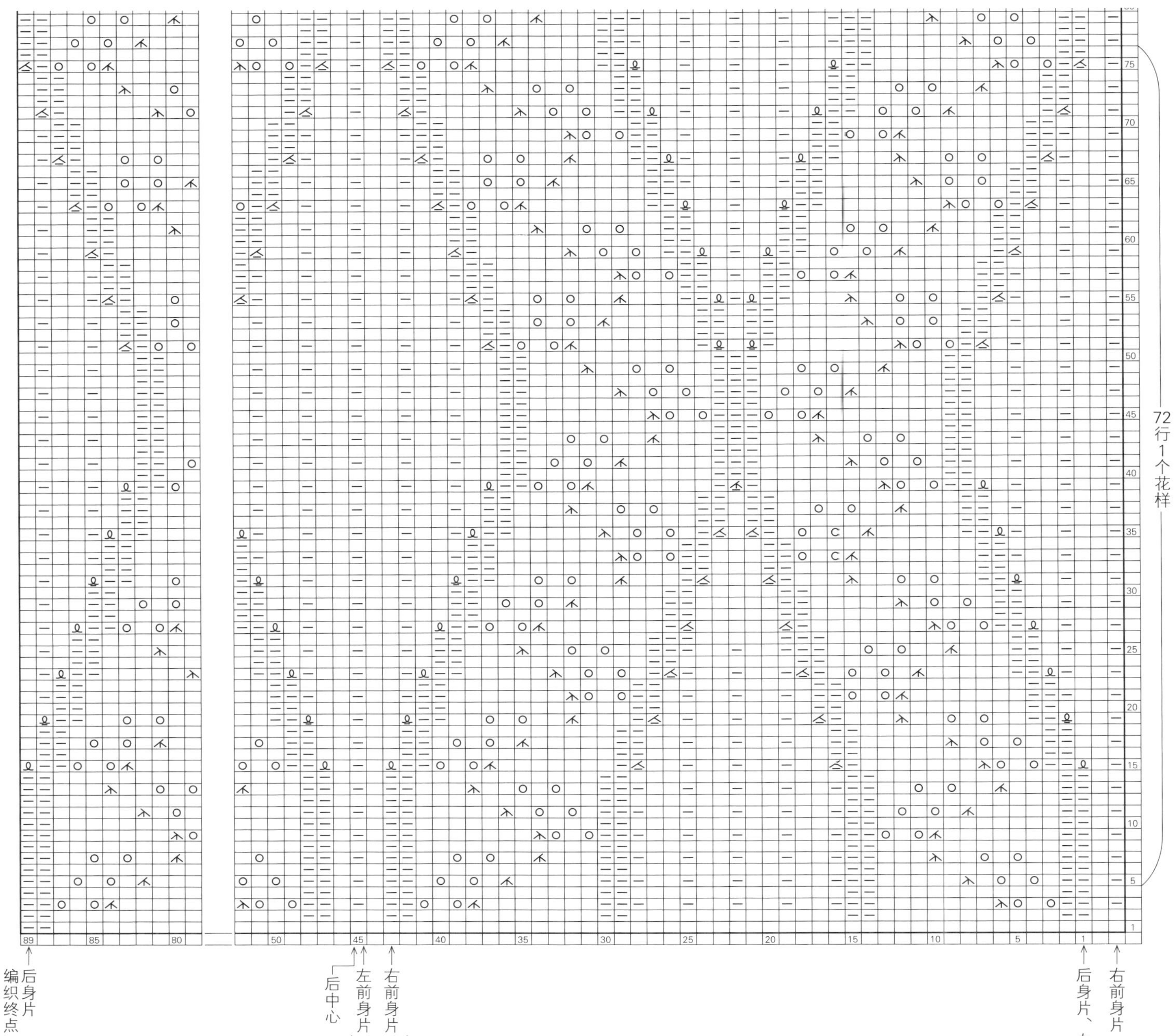

□＝□ 下针

※以中心为轴左右对称编织

22

22 页

●**材料** Ski World Selection Camino（粗）藏青色系（4008）70g/2 团

●**工具** 钩针 7/0 号

●**成品尺寸** 宽 16cm，长 154cm（含流苏）

●**编织密度** 7cm × 10cm 面积内：1 个花样 12 针，17 行

●**编织要点** 围巾的长边锁针起针，第 1 行挑取锁针的里山，重复钩织 3 针短针、9 针锁针。第 2 行立织 1 针锁针，重复钩织短针的 2 针并 1 针和 2 针短针（共 3 针）。第 3 针短针要整段挑起前一行的锁针钩织。在编织行末尾，钩织 1 针放 2 针的短针。按照同样的方法在一侧加针，在另一侧减针，斜着钩织前进。因为锁针较多，钩织时注意保持相同的手劲儿，不要织得太紧。钩织流苏时，从编织花样的最终行开始挑起端头的针目钩织短针，第 2 行钩织带枣形针的流苏。另一侧也加线按照相同的方法钩织流苏。

▽ = 加线
▼ = 剪线

编织花样

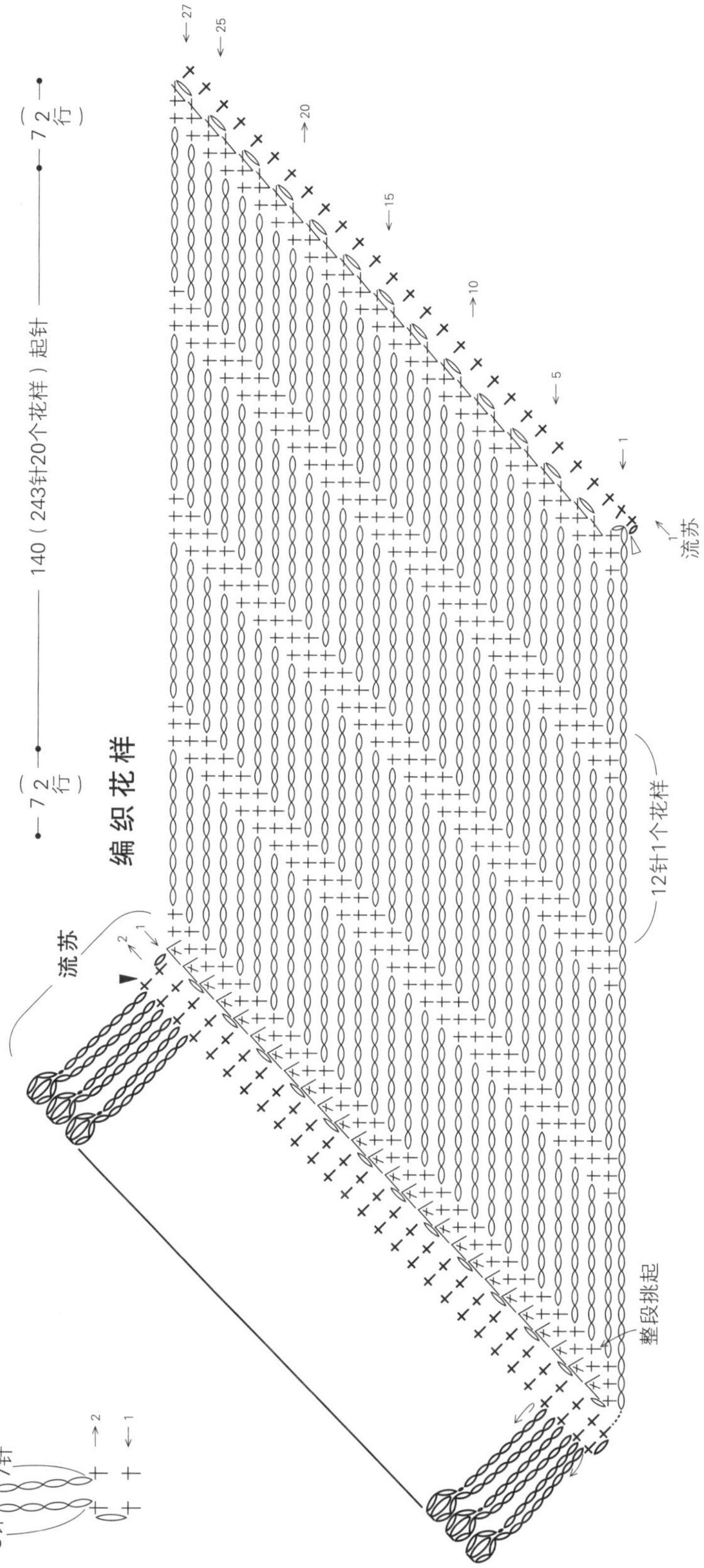

流苏的钩织方法

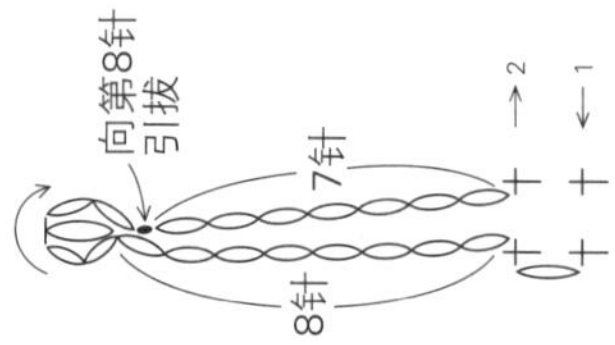

03

5页

●**材料** Ski UK Blend Melange（极粗）浅灰色（8002）650g/17团

●**工具** 棒针10号、8号

●**成品尺寸** 胸围98cm，衣长53cm，连肩袖长69cm

●**编织密度** 10cm×10cm面积内：编织花样B 25针，25行；上针编织20针，25行

●**编织要点** 身片手指起针，参照图示做编织花样A，在交界处参照图示加针做编织花样B。领窝减针时，2针及以上时做伏针减针，1针时立起侧边1针减针。落肩做留针的往返编织。袖和身片的起针方法相同，做编织花样B和上针编织，袖下在侧边1针内侧编织扭加针。肩部做盖针接合，衣领环形编织双罗纹针。最后松松地做伏针收针，向内侧折成双层，用藏针缝缝合在挑针的位置。衣袖对齐针与行接合于身片，胁部和袖下使用毛线缝针缝合。

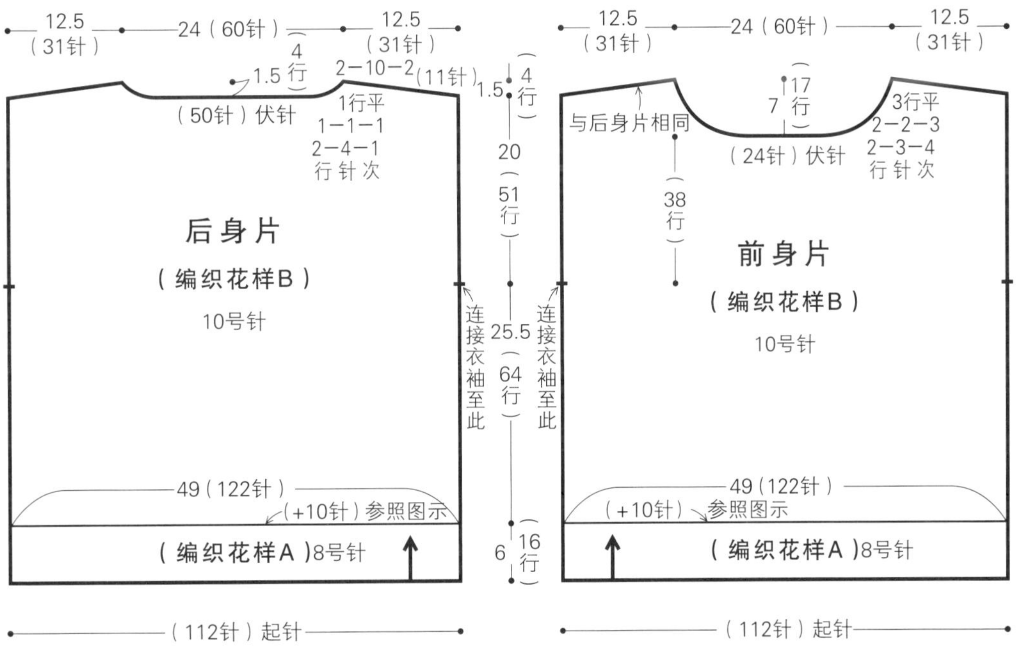

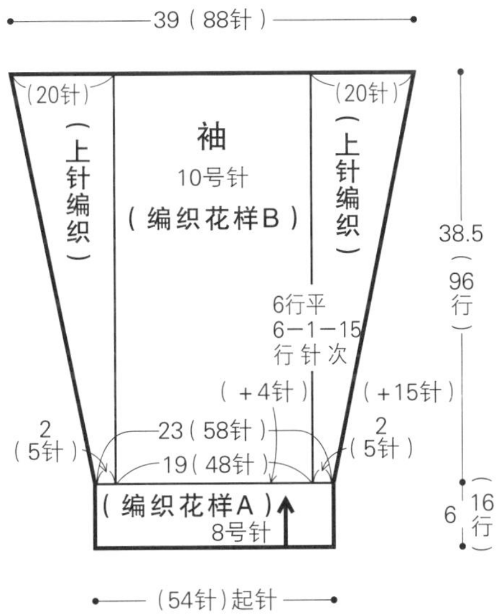

衣领（双罗纹针）8号针

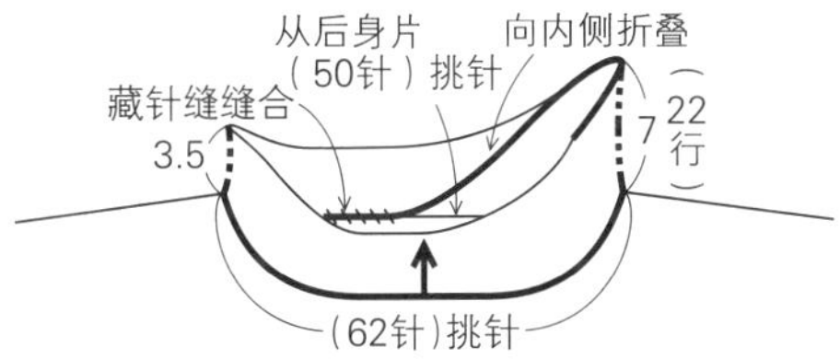

编织花样B

24行22针1个花样

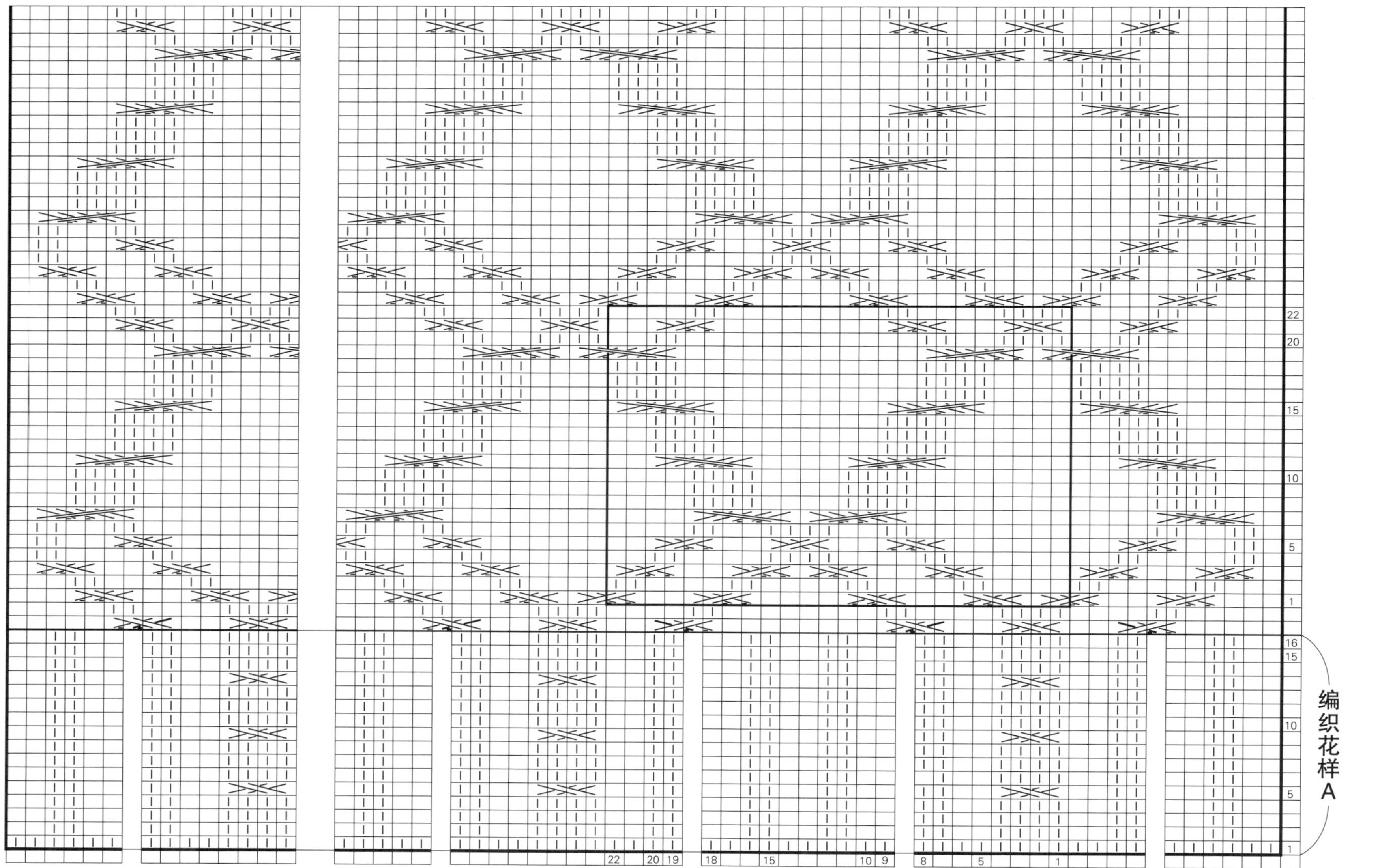

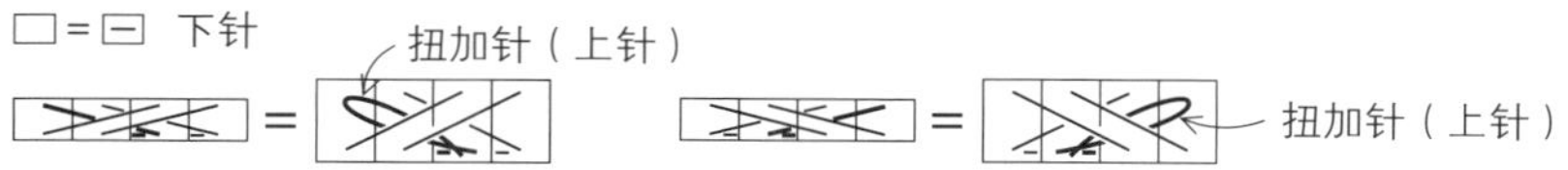

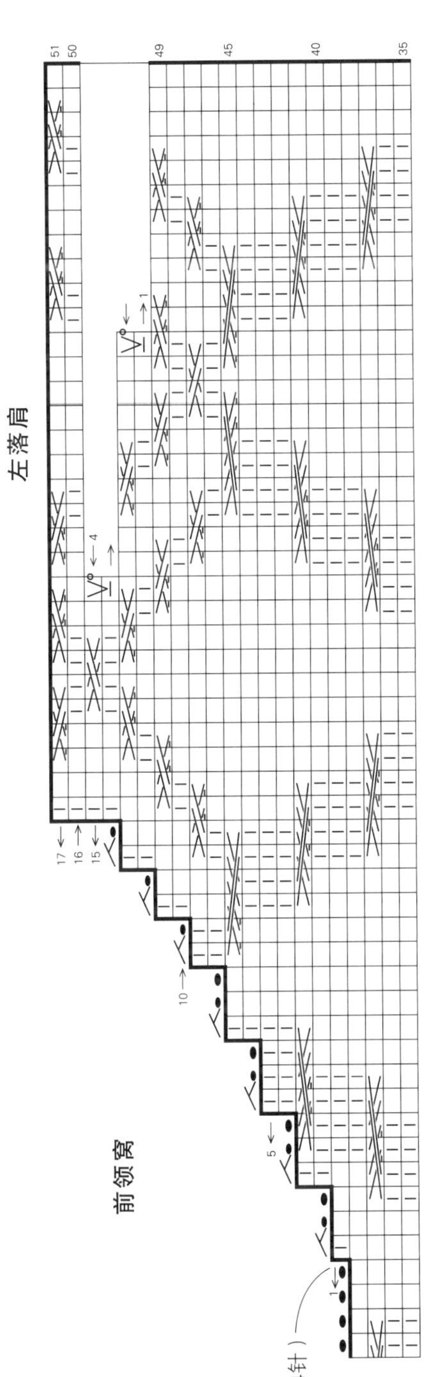

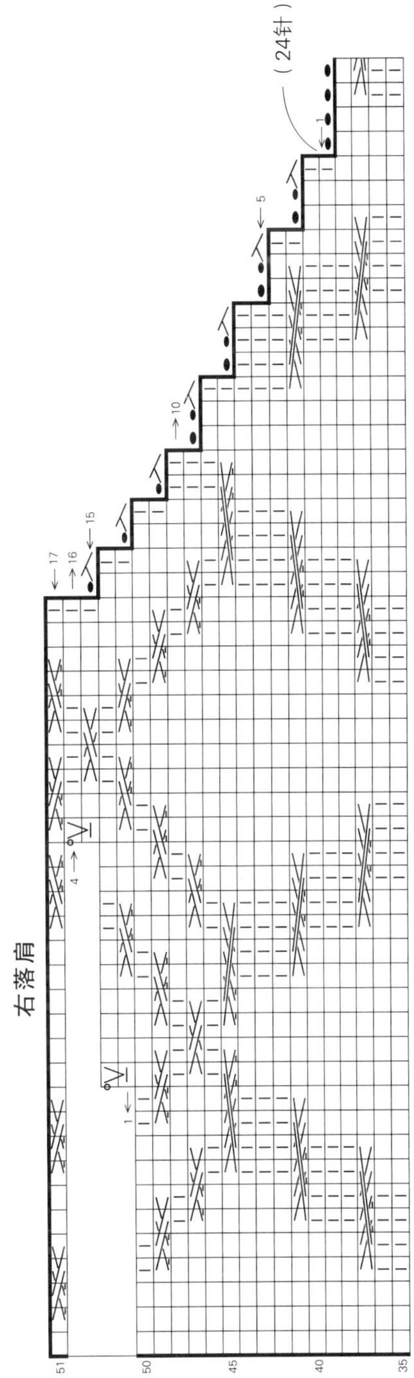

□=□ 上针

04

6页

●材料 Ski Polwarth Plus Hand Dye（粗）黄色系（7102）410g/12团

●工具 棒针6号

●成品尺寸 胸围98cm，衣长56cm，连肩袖长53cm

●编织密度 10cm×10cm面积内：编织花样A 26针，31行；编织花样B 23针、31行（身片），22.5针、29行（袖）

●编织要点 身片另线锁针起针，按照图示做编织花样A、B，不加、减针。注意编织起点位置，左右对称做编织花样B。领窝减针时，2针及以上时做伏针减针，1针时立起侧边1针减针。下摆解开另线锁针挑针，平均减针编织双罗纹针，做双罗纹针收针。袖的起针方法和身片相同，做编织花样B，不加、减针。袖口平均扭加针，编织双罗纹针。肩部做盖针接合，衣领环形编织双罗纹针，最后做双罗纹针收针。衣袖对齐针与行与身片接合，胁部和袖下使用毛线缝针缝合。

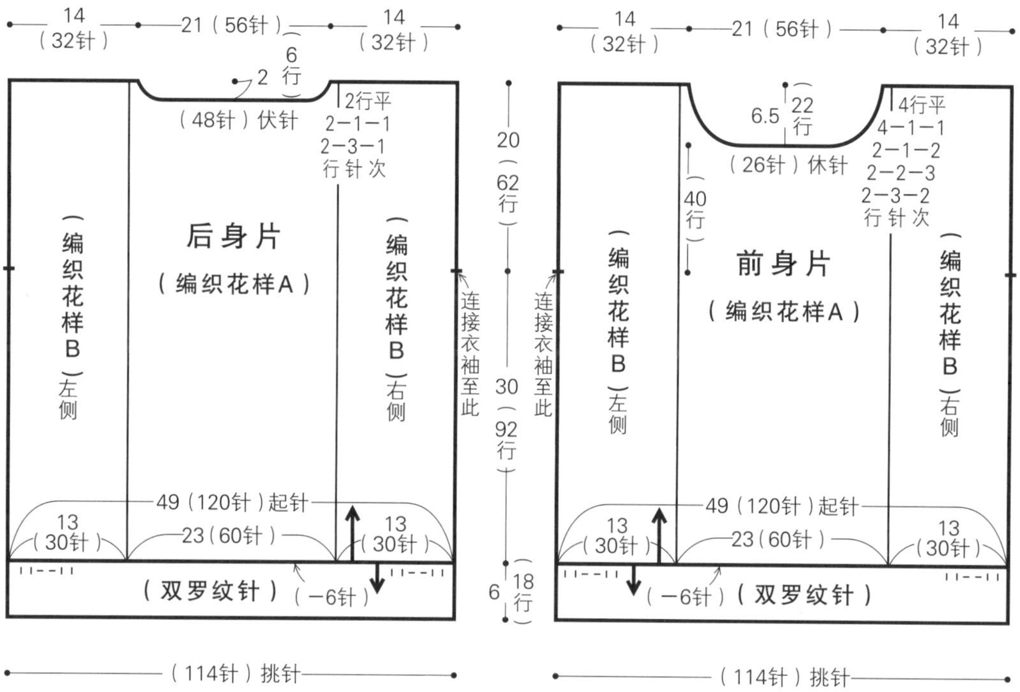

※ 全部用6号针编织

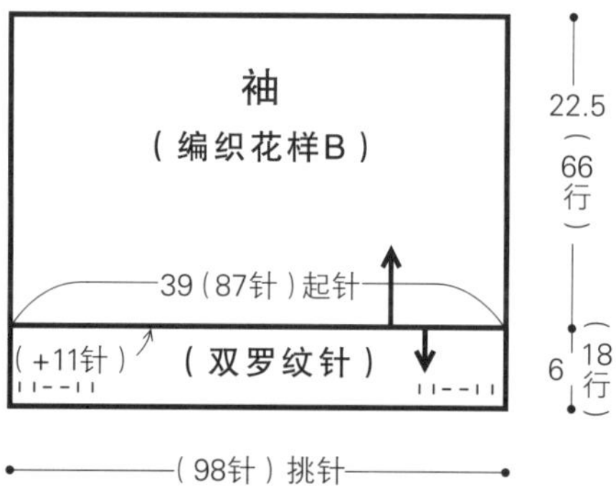

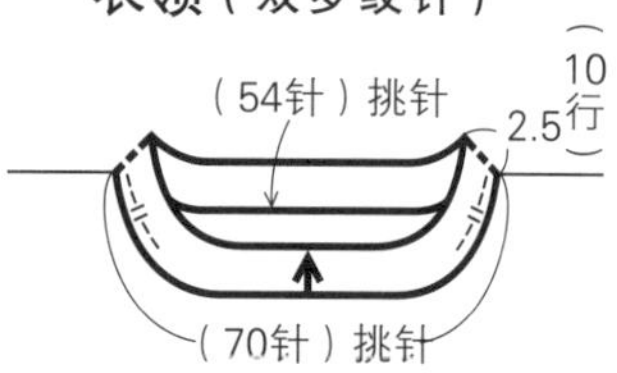

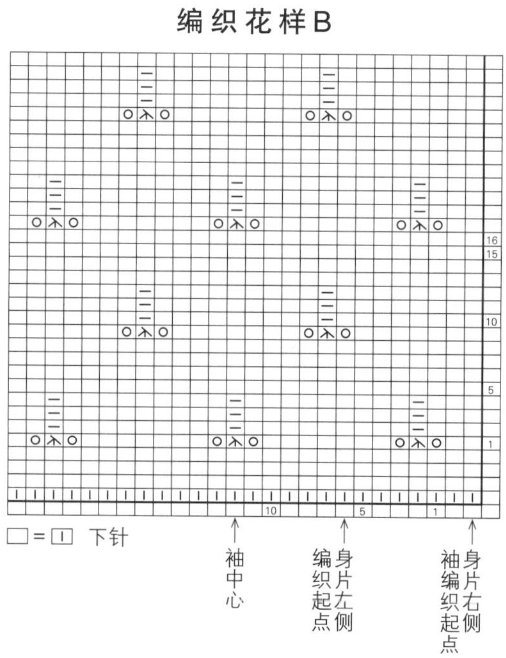

后领窝

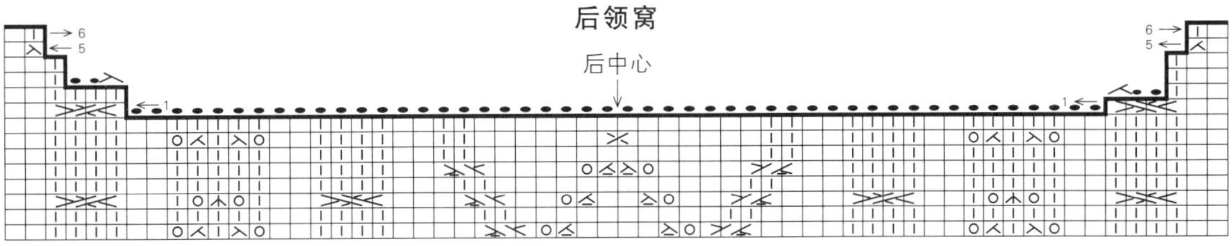

□ = ⊟ 上针

前领窝

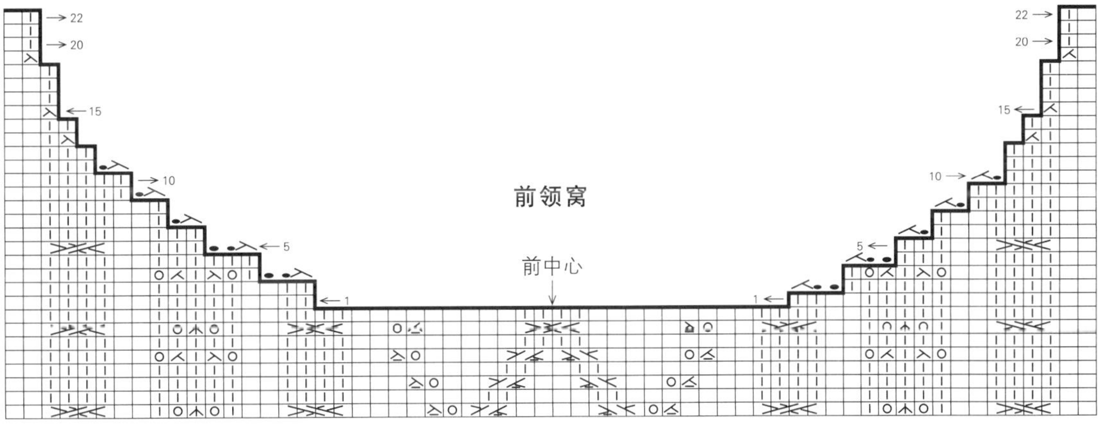

□ = ⊟ 上针

编织花样A

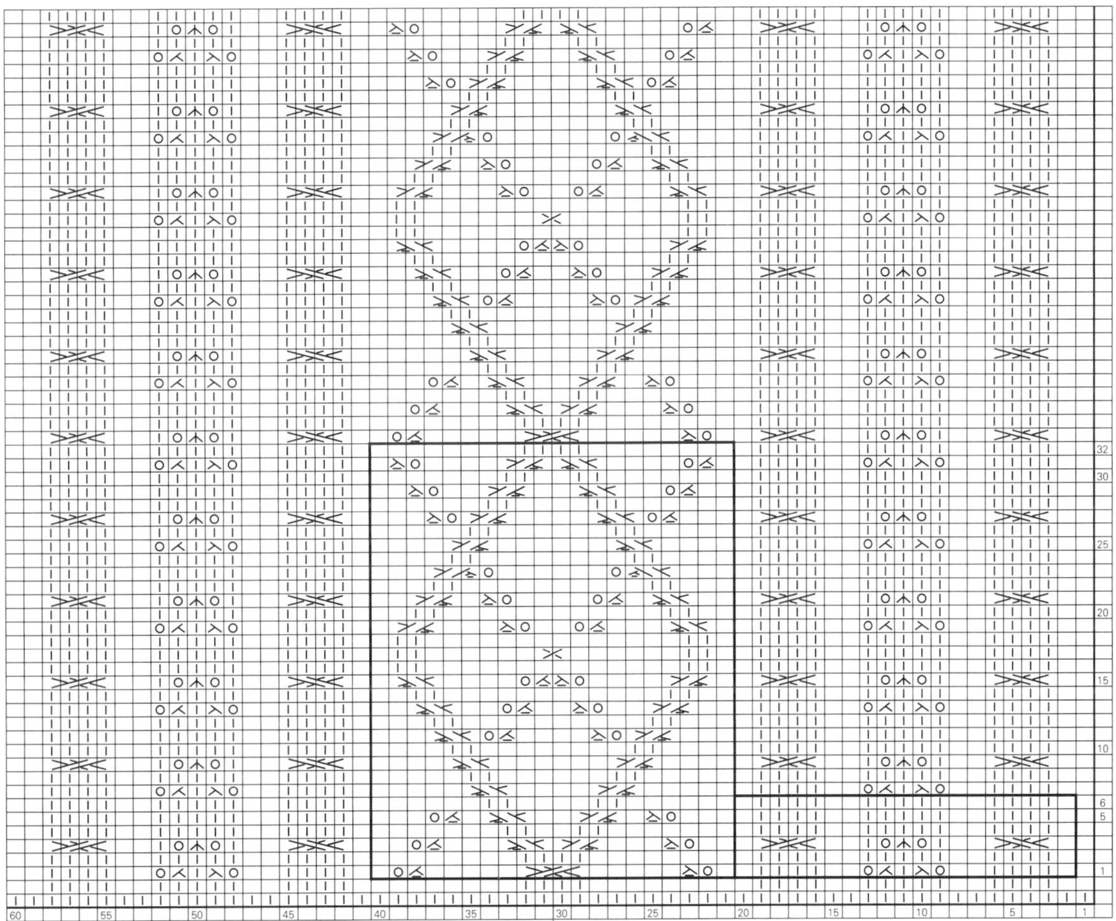

□ = ⊟ 上针

05

7页

●**材料** Ski Fuwarl（中粗）原白色（2211）220g/8团

●**工具** 棒针8号

●**成品尺寸** 胸围96cm，衣长57cm（前身片）、59cm（后身片），连肩袖长25cm

●**编织密度** 10cm×10cm面积内：下针编织19针，27行

●**编织要点** 后身片手指起针，按照图示做编织花样A，从交界处开始做下针编织，胁部立起侧边3针减针。袖口编织1针加针，然后做编织花样C、C'，肩部做休针的往返编织。前身片的起针方法和后身片相同，按照图示做下针编织、编织花样B、B'，注意编织花样B、B'在内侧编织挂针加针。衣领开口处，先在左侧做编织花样C'，和身片连在一起编织，在衣领内侧减针。肩部在缝合处编织1针加针，继续编织后衣领。右侧挑起中心的针目，衣领做编织花样C。后衣领的侧边和右前衣领做盖针接合，和后领窝对齐针与行缝合。肩部做盖针接合。前、后身片针数不同，因此前身片编织花样B的部分要重叠着针目挑针。胁部使用毛线缝针做挑针缝，缝合至开衩止位。

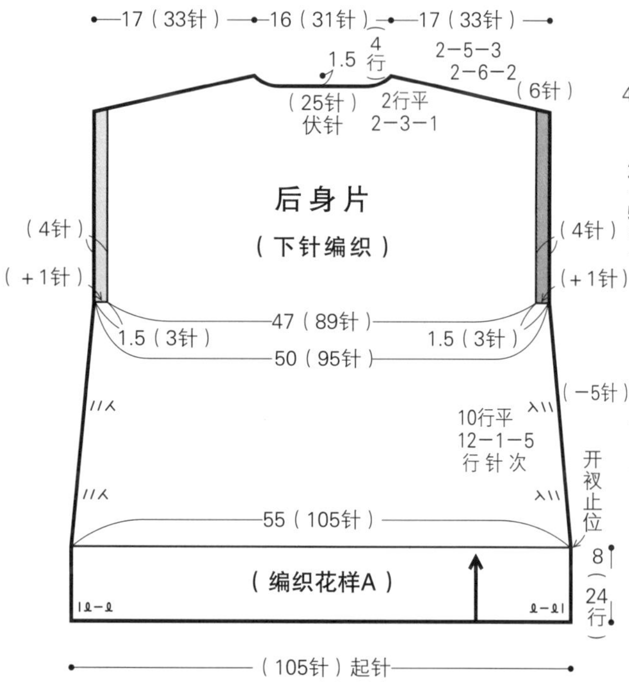

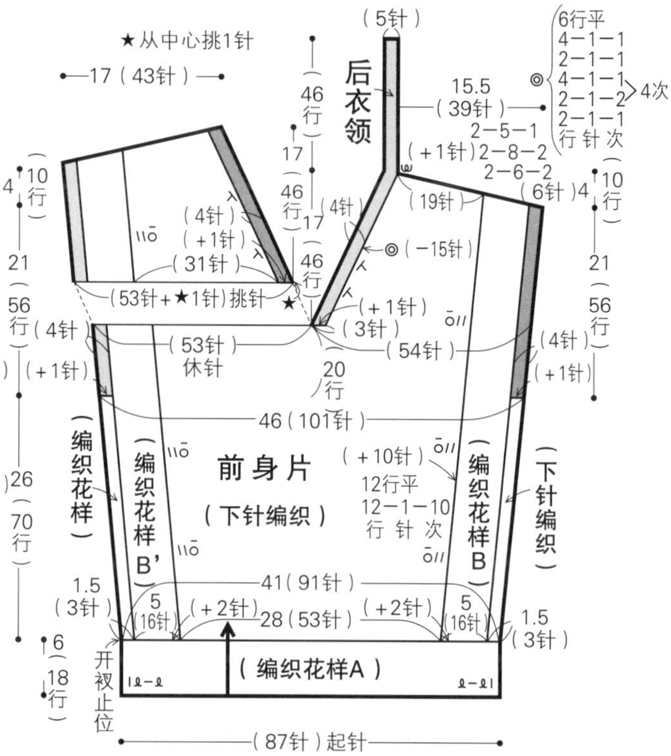

※ 全部用8号针编织

▇ = 编织花样C

▢ = 编织花样C'

+★1针（前身片）= 已经挑针的右侧端头的针目再次挑针

组合方法

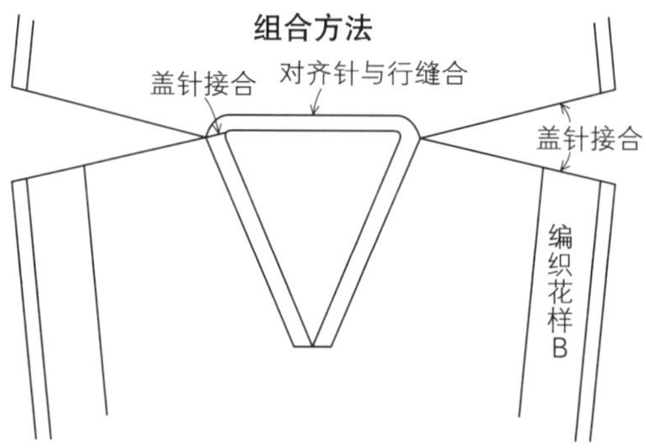

编织花样B'

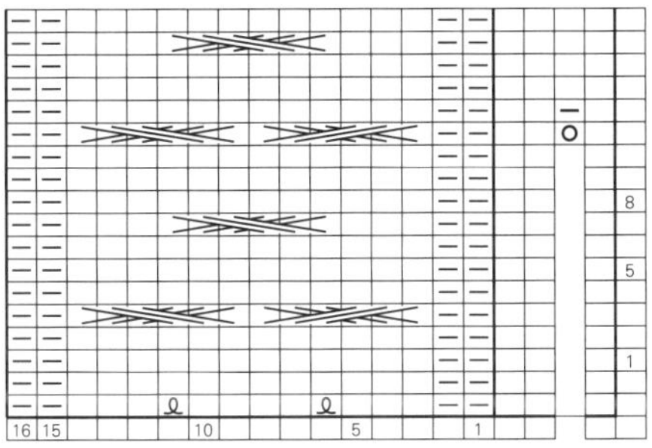

编织花样B

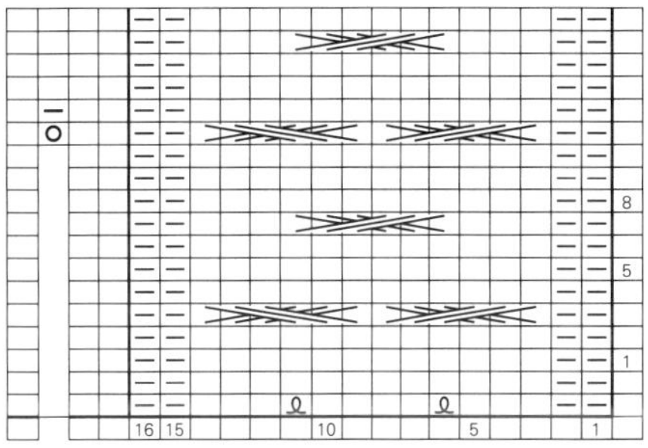

□ = Ⅰ 下针

加针 symbol = 加针

编织花样A

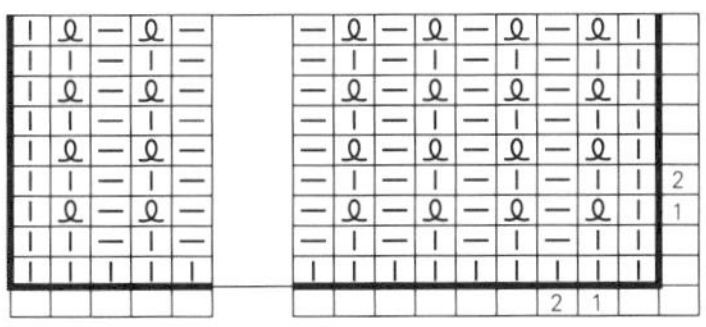

编织花样

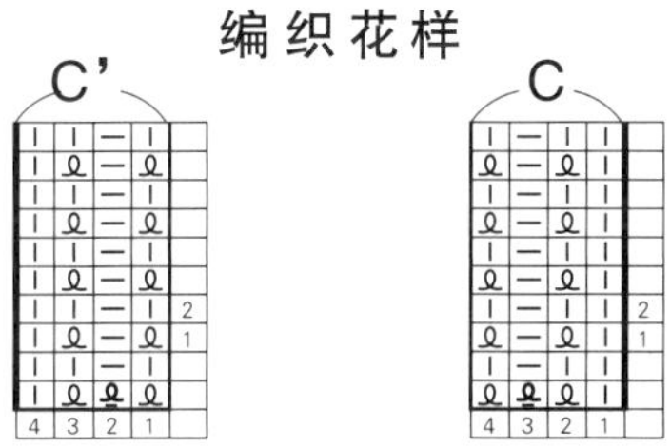

上针的扭加针 symbol = 上针的扭加针

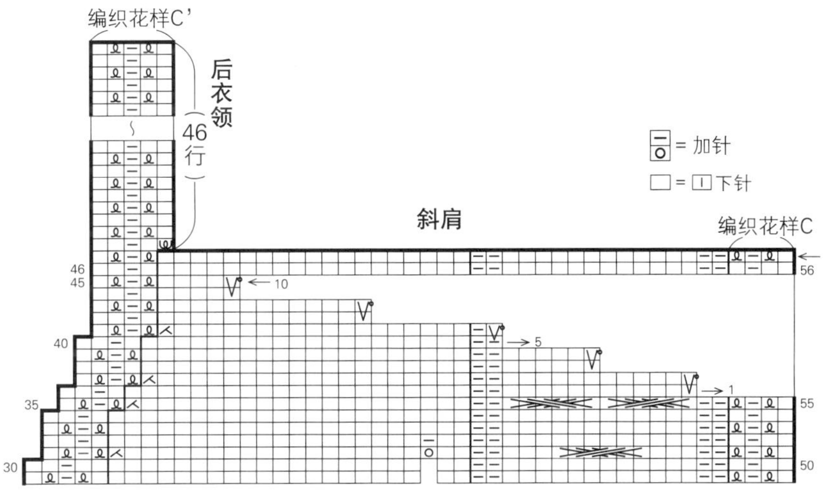

06

8页

●材料 Ski Bone（极粗）玫红色（2524）520g/13团

●工具 棒针10号、9号、8号

●成品尺寸 胸围90cm，衣长59.5cm，连肩袖长71cm

●编织密度 11cm×10cm面积内：编织花样A 23针，22行；10cm×10cm面积内：下针编织15针，22行

●编织要点 从衣领向下摆做环形编织。另线锁针起针，按照图示分散加针，用下针编织和前中心的编织花样A编织育克部分。然后将前、后身片和袖分为4片，后身片用往返编织的方法编织8行，与前身片做出行差。衣袖休针，身片做环形编织，分散加针。腋下从另线锁针起针挑针。下摆减针编织单罗纹针，最后松松地做下针织下针，上针织上针的伏针收针。袖从育克、腋下、前后身片差行挑针，环形编织下针编织，不加、减针。袖口的编织方法和下摆相同。从领口挑针，一边调整编织密度一边做编织花样B，最后编织单罗纹针，编织终点的编织方法和袖口、下摆相同。

另线锁针的起针方法

后面需要拆去另线起针。起针用的棒针比编织用的棒针粗一号，这样起针行不会扭曲。

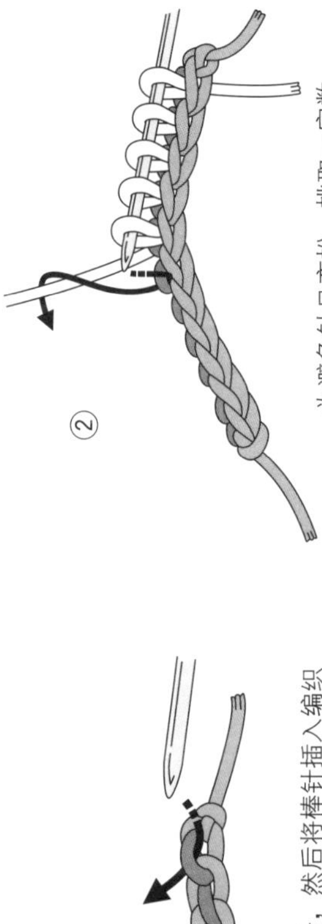

① 另线钩织锁针，然后将棒针插入编织终点的锁针的里山，将编织线拉出。

② 为避免针目变松，挑取一定数量的针目。这将成为第1行。

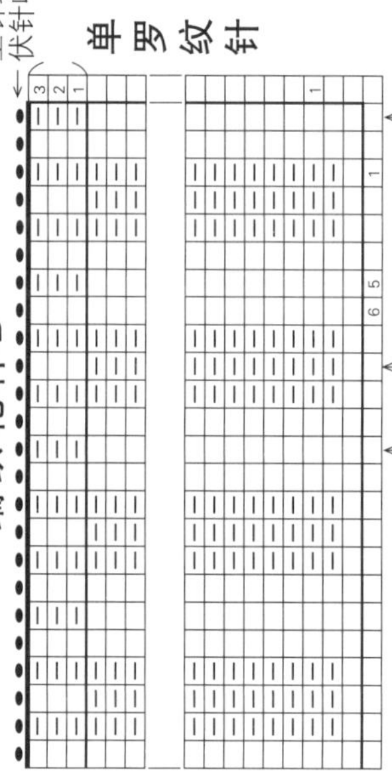

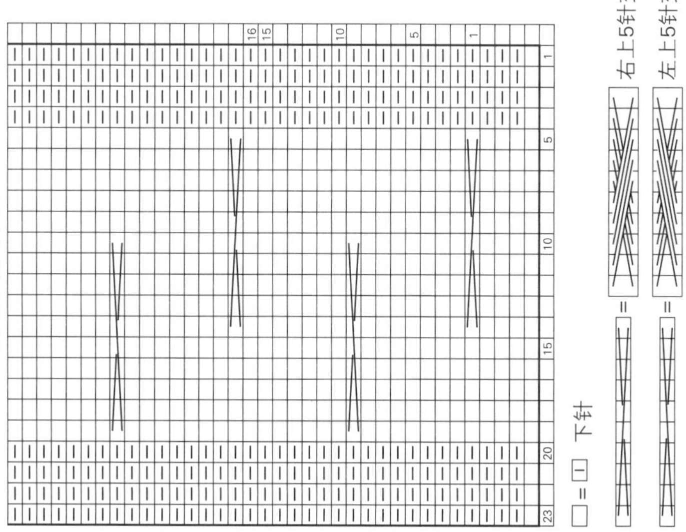

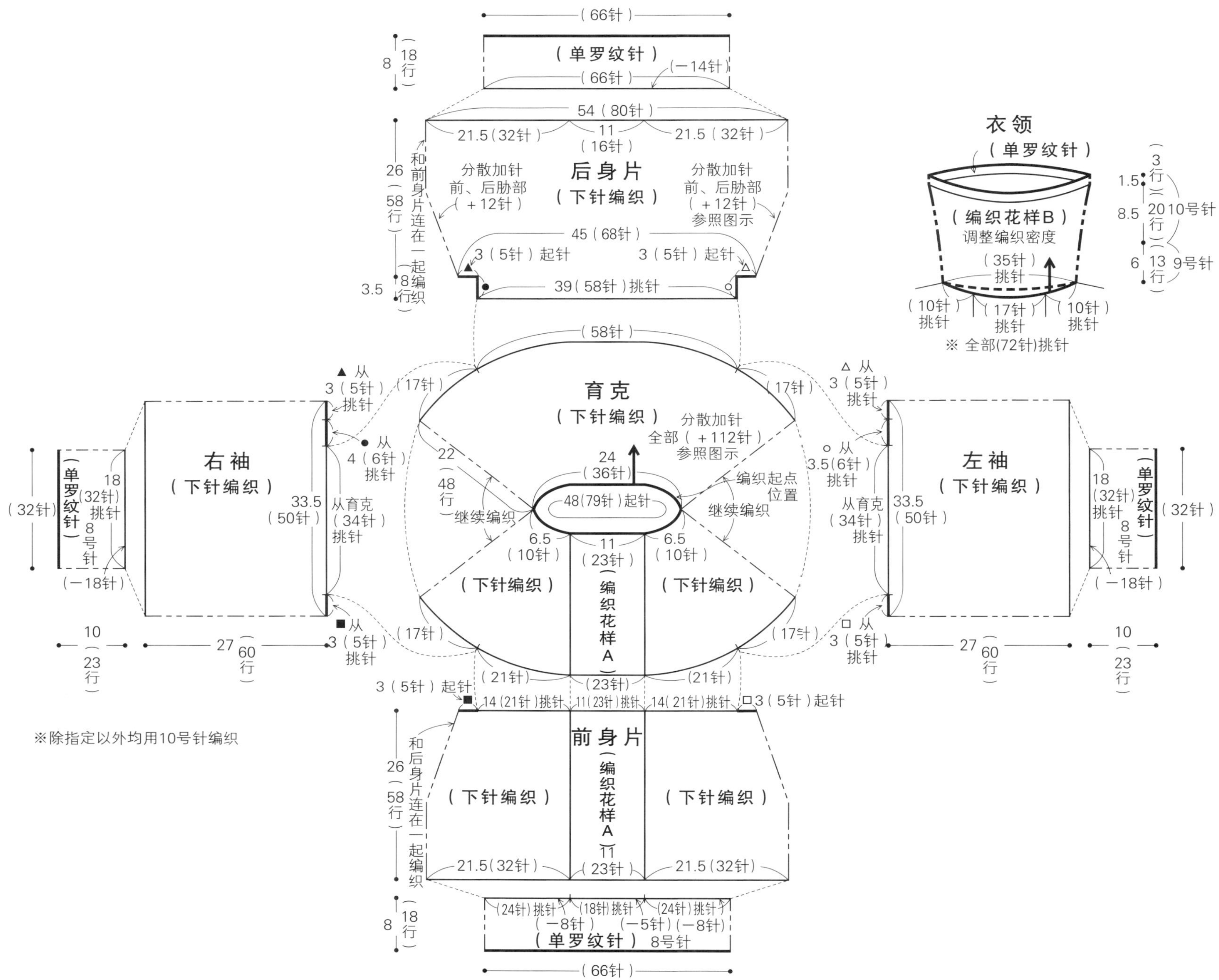

※除指定以外均用10号针编织

□ = [I] 下针

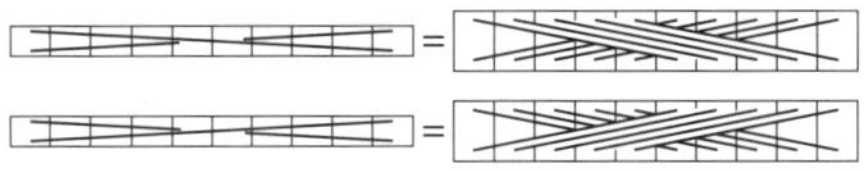

右上5针交叉

左上5针交叉

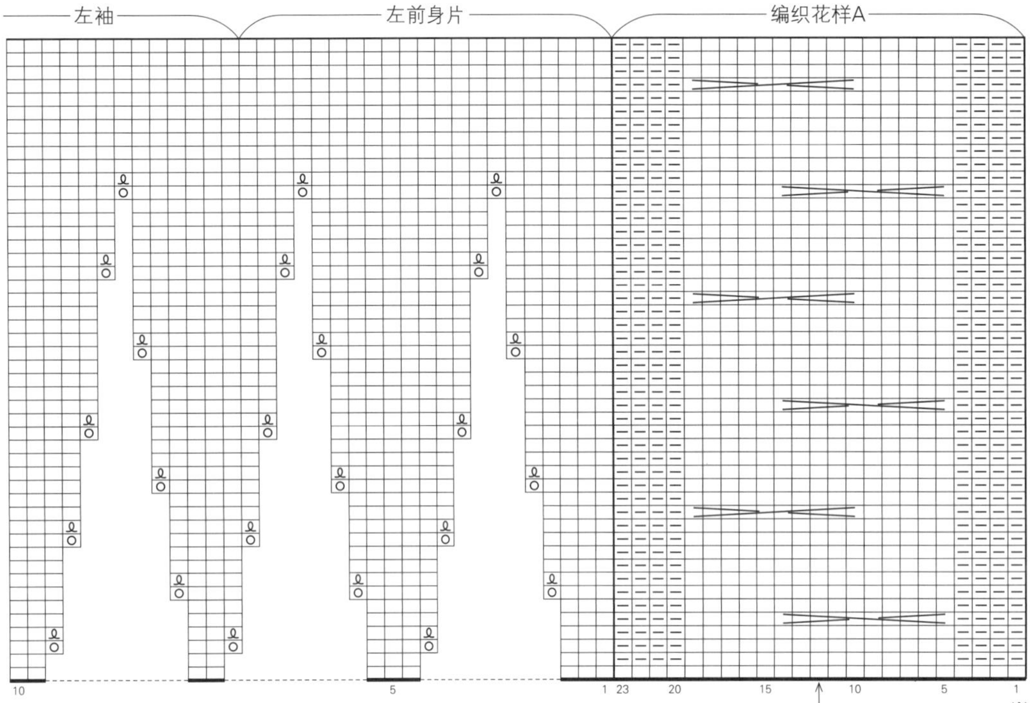

※继续编织

育克的分散加针

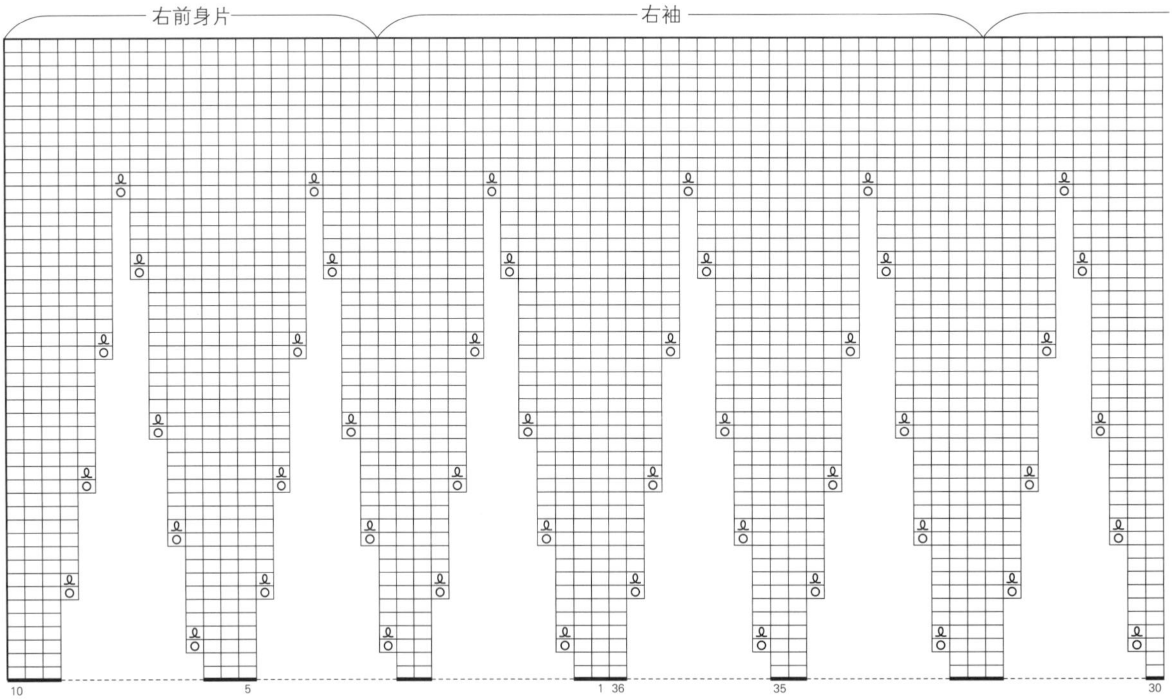

※接续编织

身片的分散加针（左侧）

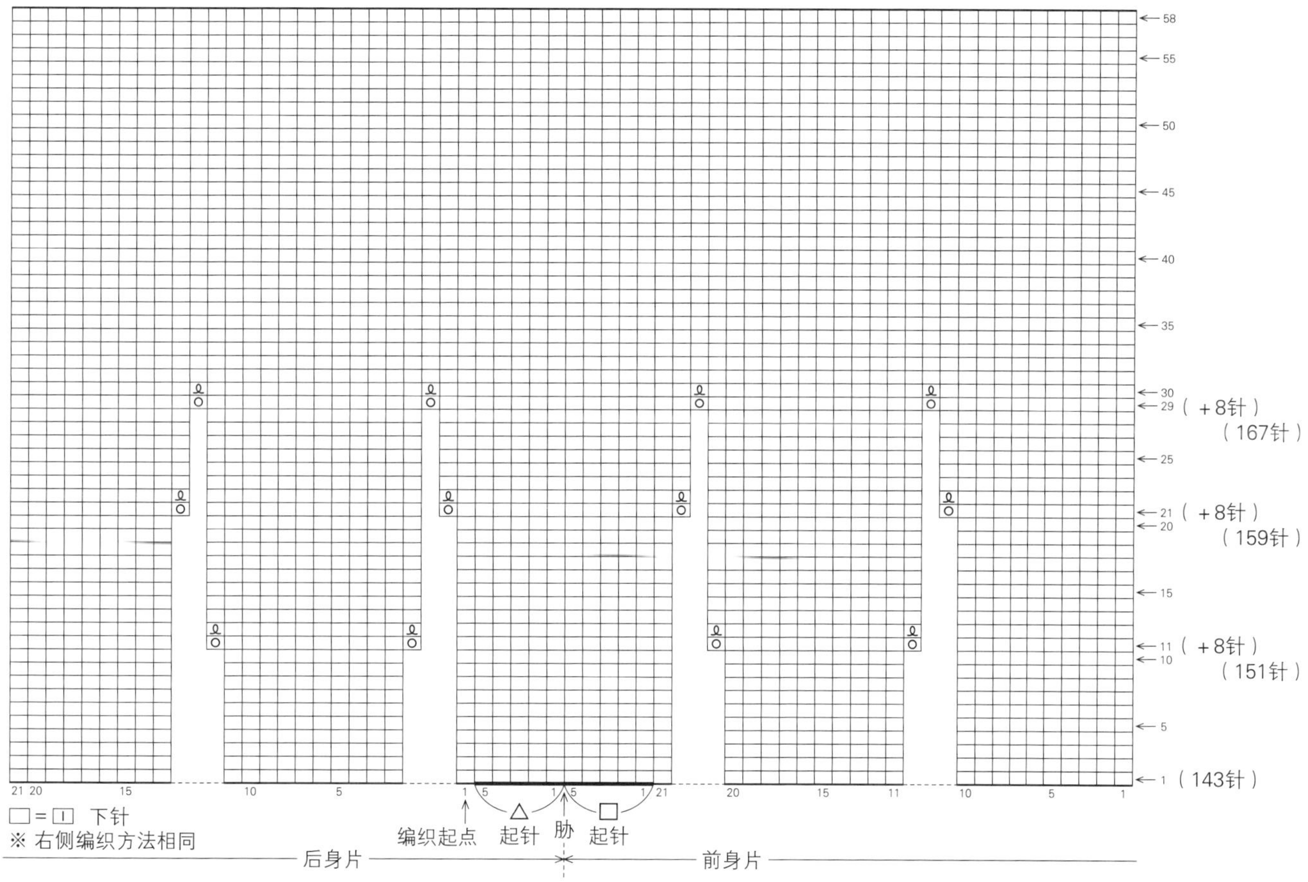

58
55
50
45
40
35
30
29 （＋8针）
（167针）
25
21 （＋8针）
20
（159针）
15
11 （＋8针）
10
（151针）
5
1 （143针）
□＝□ 下针
※ 右侧编织方法相同
编织起点
起针
胁
起针
后身片
前身片

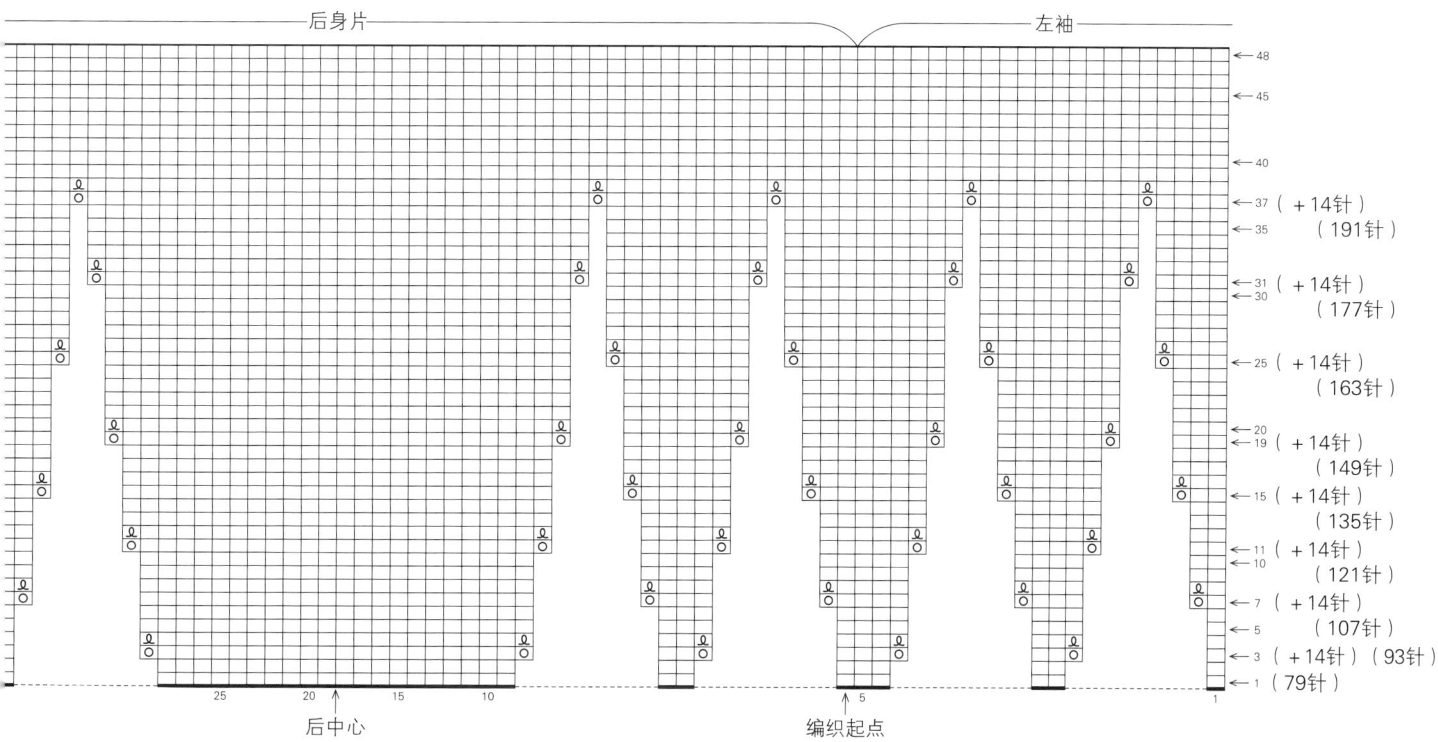

后身片
左袖
48
45
40
37 （＋14针）
35 （191针）
31 （＋14针）
30 （177针）
25 （＋14针）
（163针）
20
19 （＋14针）
（149针）
15 （＋14针）
（135针）
11 （＋14针）
10 （121针）
7 （＋14针）
5 （107针）
3 （＋14针）（93针）
1 （79针）
后中心
编织起点

07

9页

●**材料** Ski Sluby（极粗）粉色＋绿色系（6305）310g/4团
●**工具** 棒针14号
●**成品尺寸** 下摆围140cm，衣长38cm
●**编织密度** 10cm×10cm面积内：编织花样A 11针，24行

●**编织要点** 斗篷从下摆围松松地用手指起针，环形编织。先做编织花样A，换为编织花样B时，按照图示在交叉花样位置加针。编织花样B有8处在上针部分和交叉花样中分散减针。衣领按照图示减针，做编织花样A'，最后做上针的伏针收针。

编织花样A'

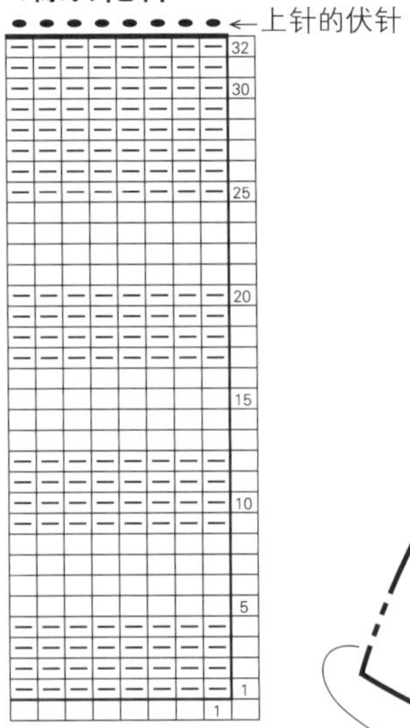

□=□ 下针

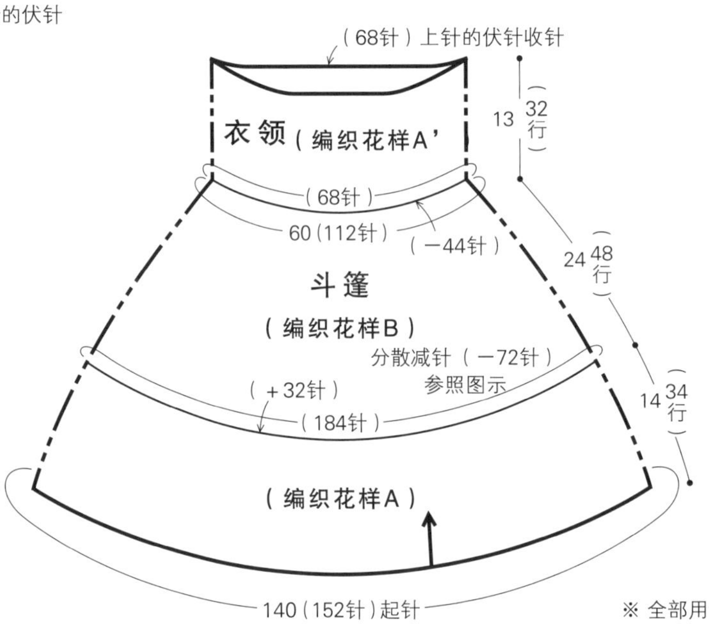

编织花样、1个花样的加、减针

	行数	针数	
B	48行	17针	
	47行	17针	（－11针）
	43行	28针	（－2针）
	35行	30针	（－2针）
	33行	32针	（－4针）
	25行	36针	（－2针）
	23行	38针	（－4针）
	15行	42针	（－2针）
	5行	44针	（－2针）
	1行	46针	（＋8针）
A	1～34行	38针	

※ 重复4次

※ 全部用14号针编织

●作品08 接55页

编织花样B

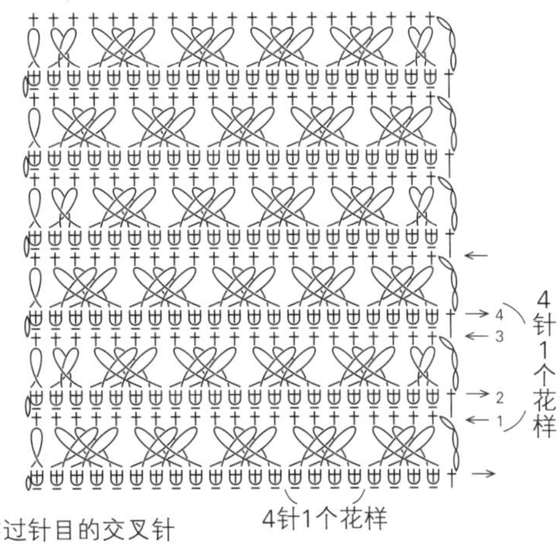

＝穿过针目的交叉针

ψ＝短针的圈圈针（条纹针）

编织花样A

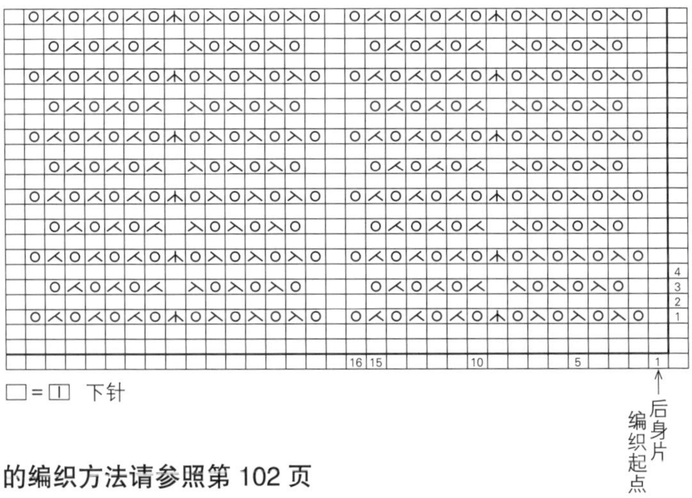

□=□ 下针

●编织花样B的编织方法请参照第102页

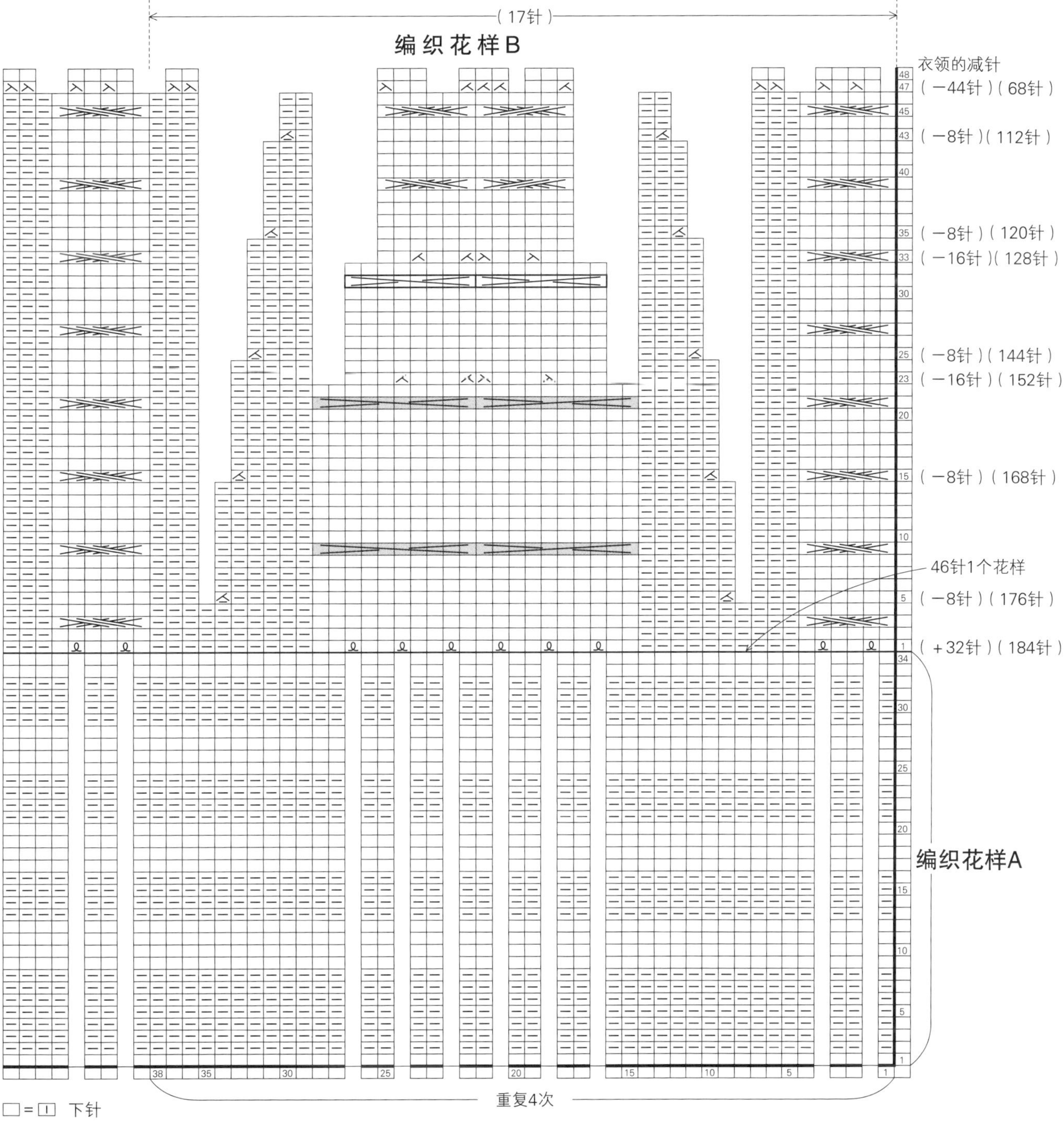

（17针）
编织花样B
衣领的减针
（－44针）（68针）
（－8针）（112针）
（－8针）（120针）
（－16针）（128针）
（－8针）（144针）
（－16针）（152针）
（－8针）（168针）
46针1个花样
（－8针）（176针）
（＋32针）（184针）
编织花样A
重复4次

□＝□ 下针

Ձ＝扭加针

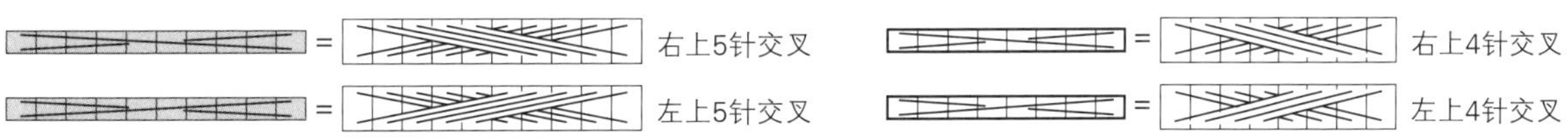

右上5针交叉
右上4针交叉
左上5针交叉
左上4针交叉

08

10 页

●材料　Ski Luno（粗）原白色（7201）310g/11 团

●工具　棒针 6 号，钩针 6/0 号、7/0 号

●成品尺寸　胸围 100cm，衣长 52.5cm，连肩袖长 52cm

●编织密度　10cm×10cm 面积内：编织花样 A 18 针，30 行；编织花样 B 18 针，11 行

●编织要点　前、后身片均从左肋开始横向编织。挑取另线锁针起针的里山，编织 16 行编织花样 A，松松地做伏针收针。换钩针，挑取锁针的半针，编织 16 行编织花样 B，剪线。挑起短针头部的半针，编织 66 行编织花样 A，松松地做伏针收针。按照图示做编织花样 B、A。落肩和领窝参照图示配色。编织终点休针。肩部钩引拔针和锁针接合，袖先在两端加针，中心将身片的缝合处减针然后挑针，做编织花样 A、B。肋部做盖针接合，袖下使用毛线缝针做挑针缝合。衣领和下摆环形做边缘编织 A，袖口做边缘编织 B。

●编织花样见第 52 页

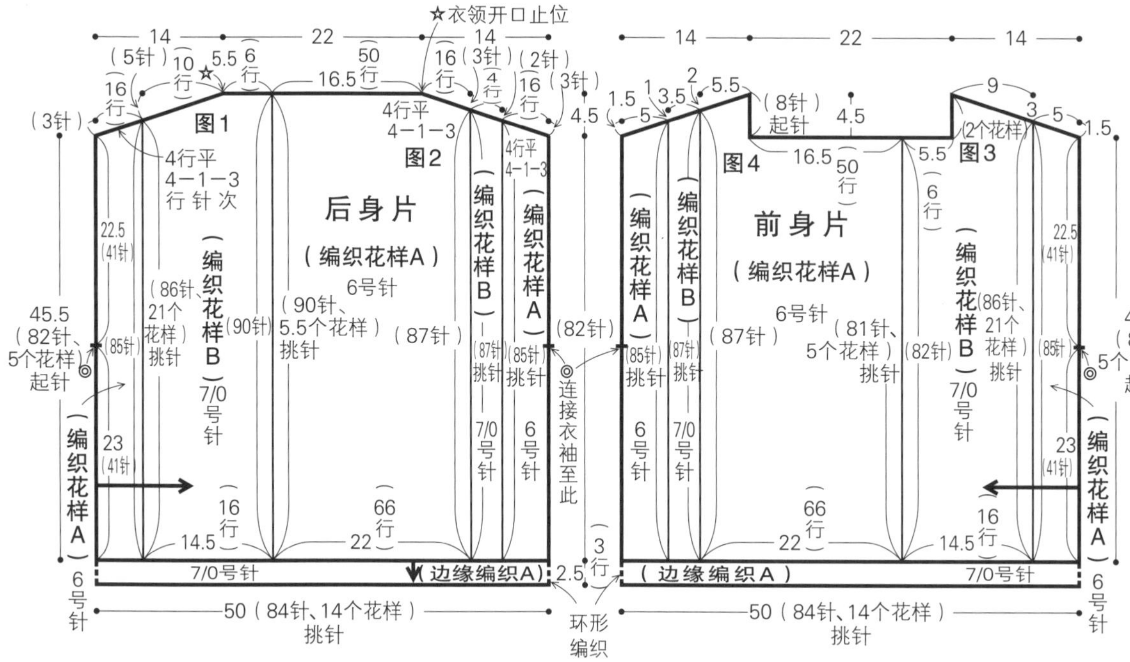

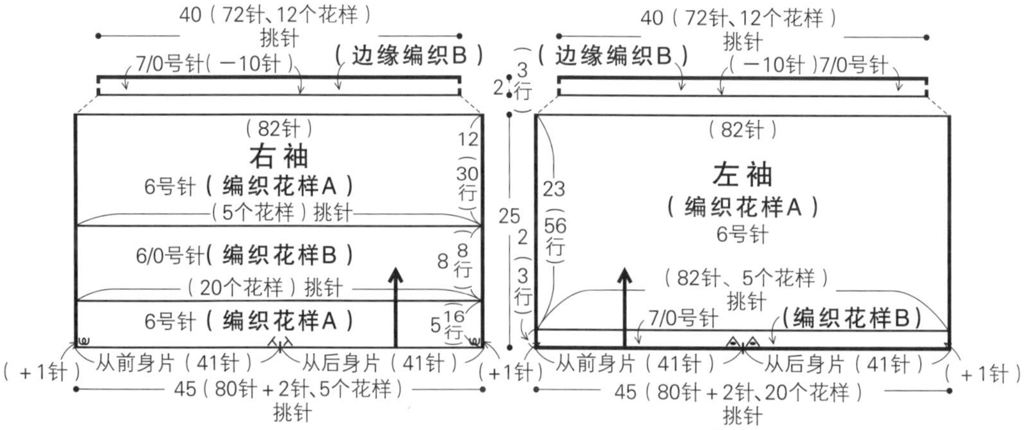

衣领（边缘编织A）7/0号针

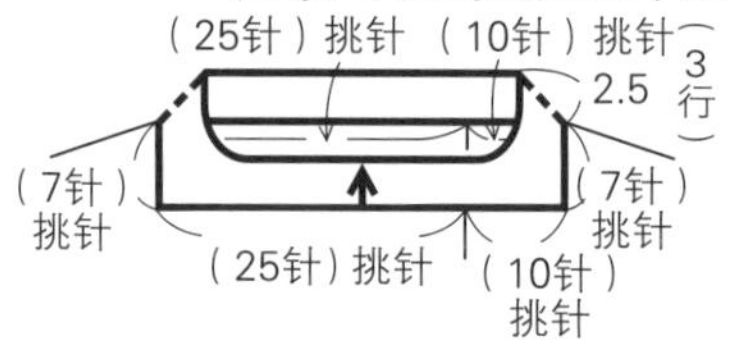

边缘编织 A（下摆、衣领）

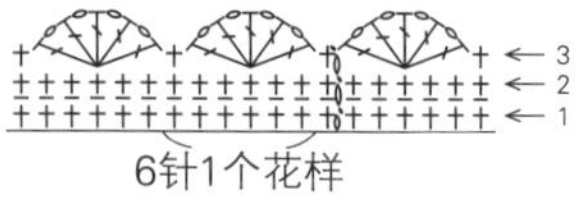

边缘编织 B（袖口）

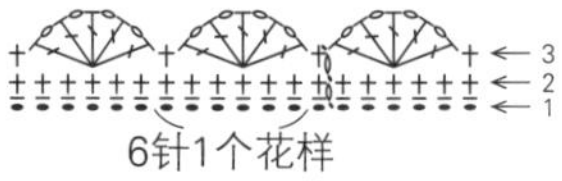

± ＝ 短针的棱针

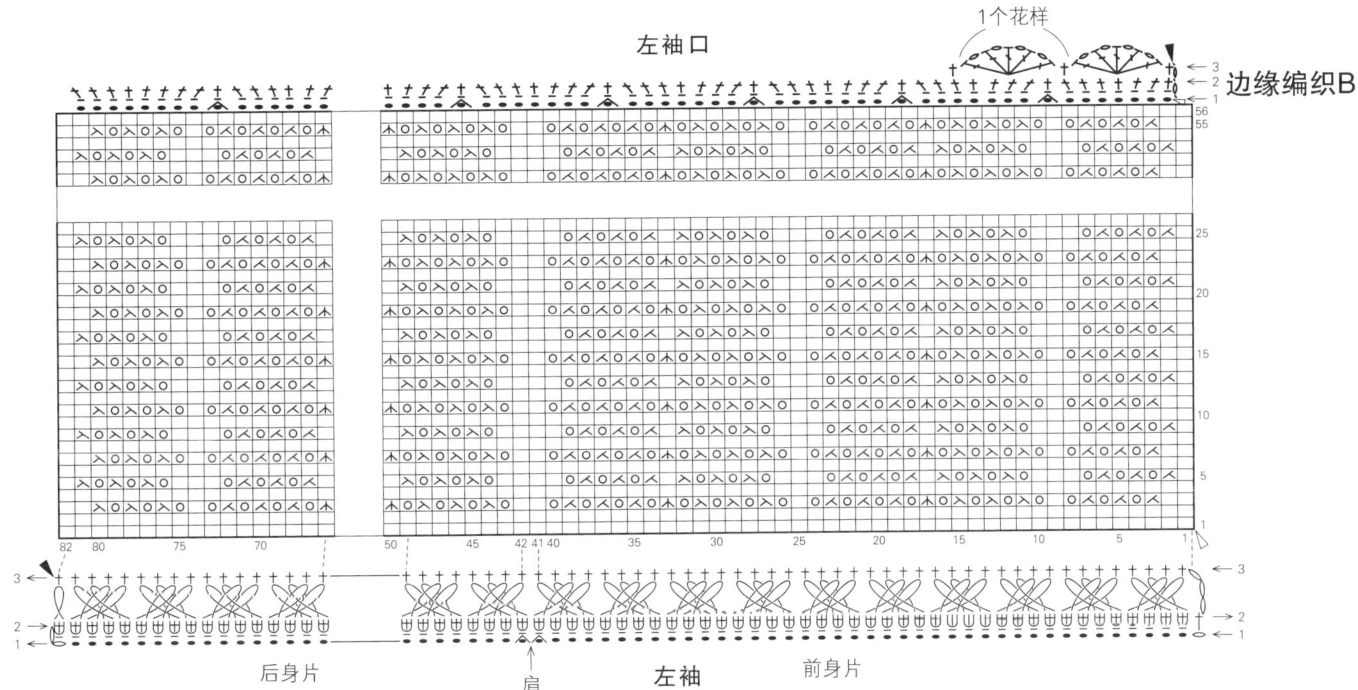

◁ = 加线

◀ = 剪线

□=□ 下针　◠= 2针并1针的引拔针

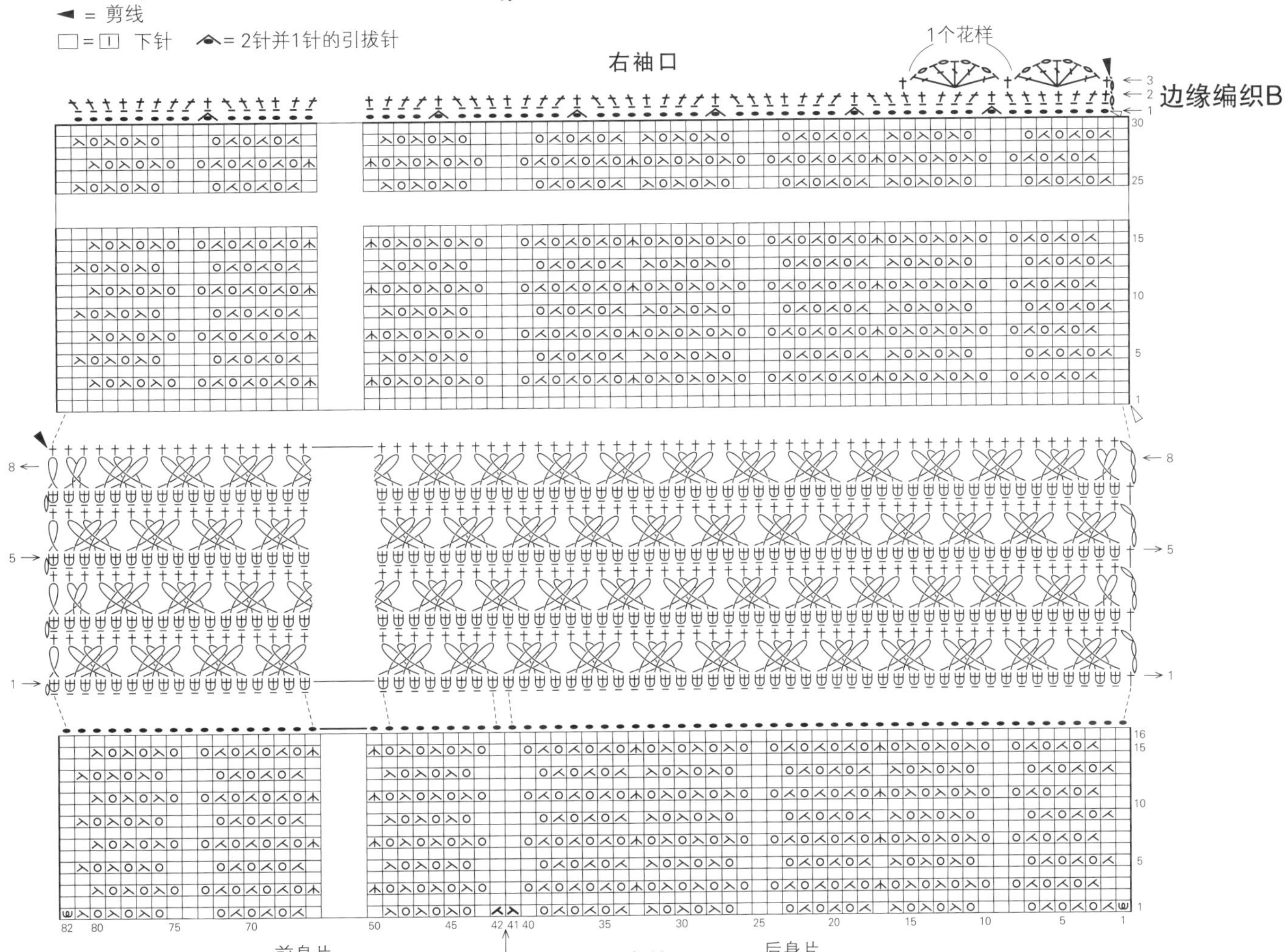

□=□ 下针

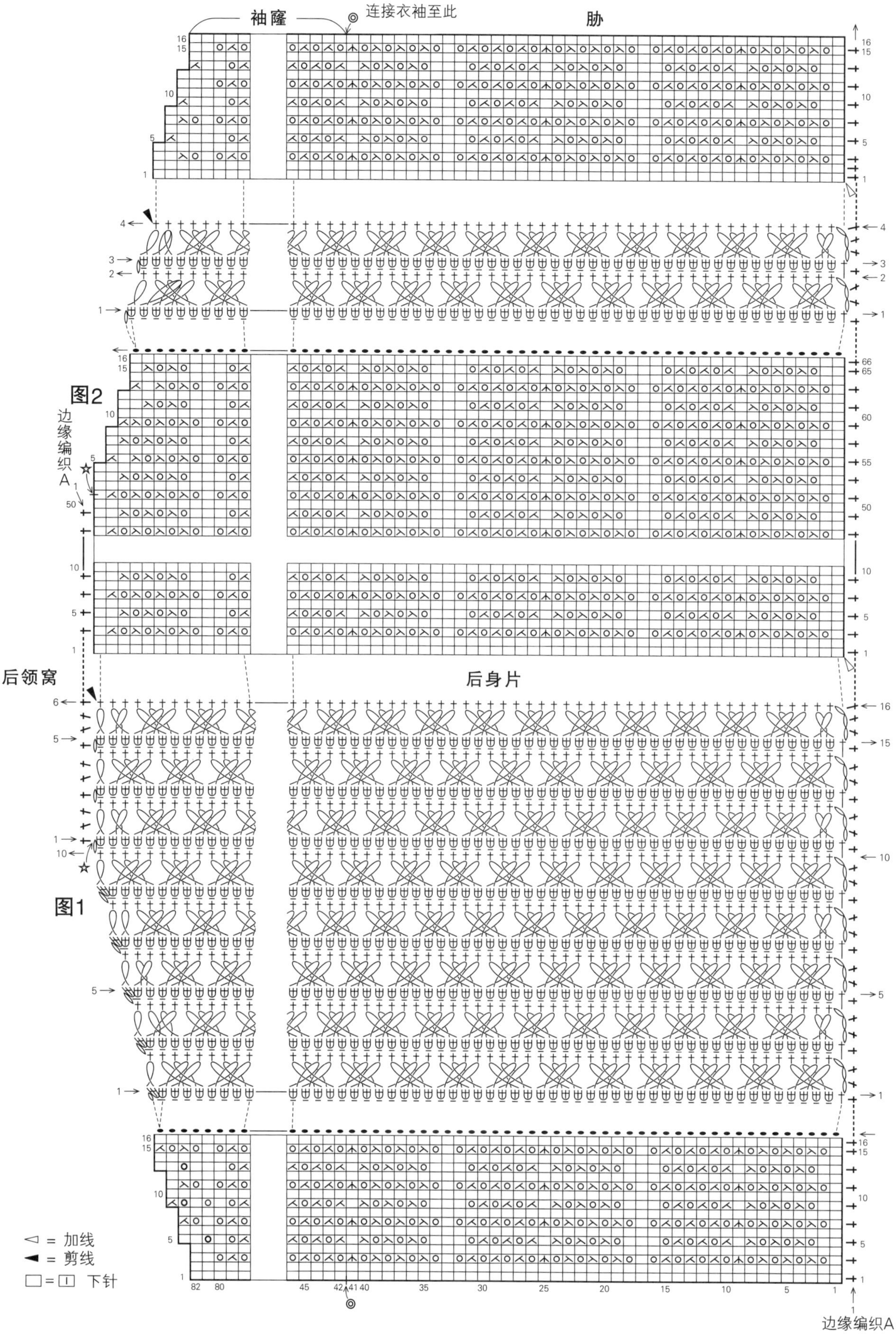

◁ = 加线
◀ = 剪线
□ = Ｉ 下针

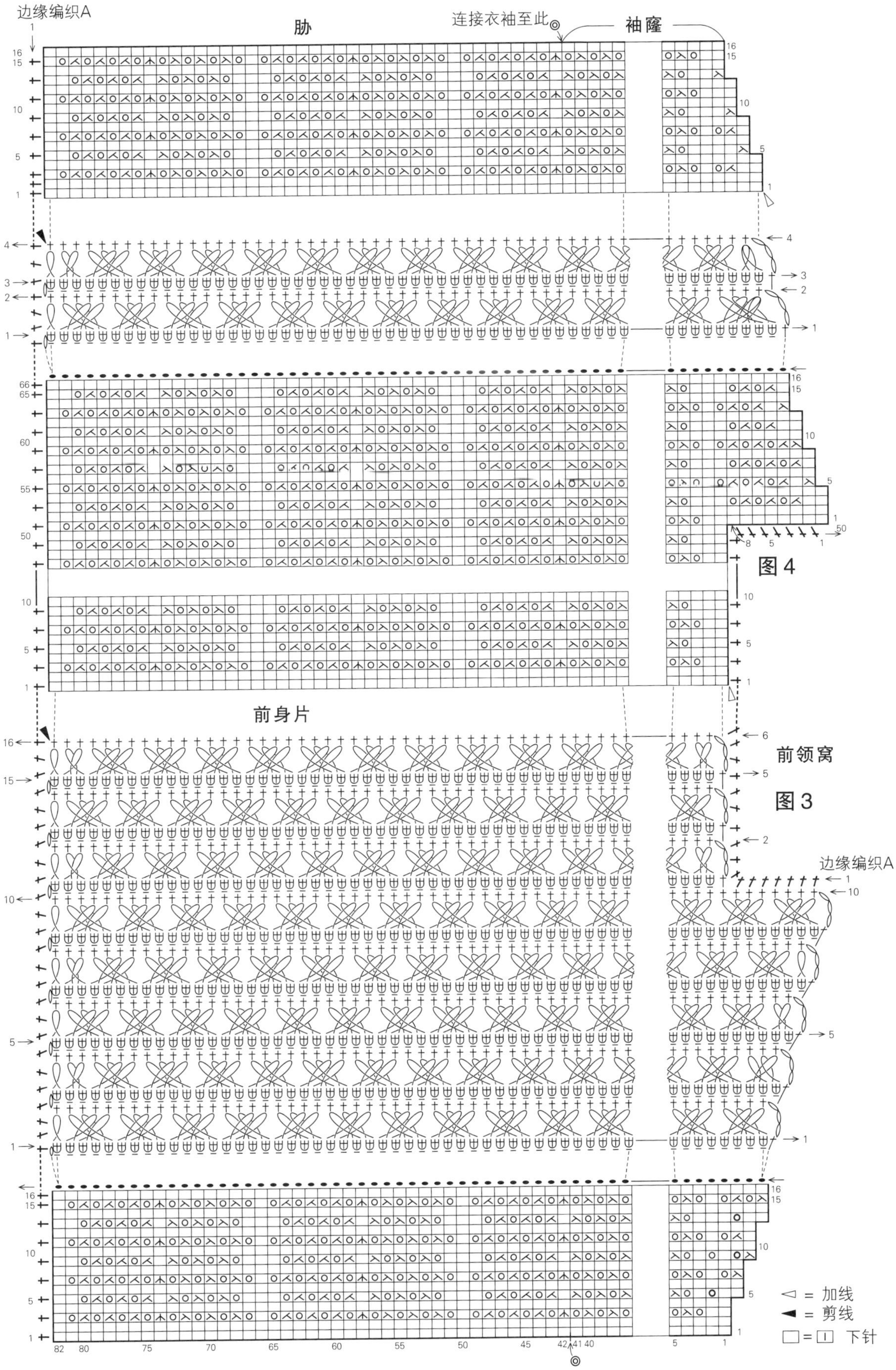

边缘编织A
胁
连接衣袖至此◎
袖窿
图4
前身片
前领窝
图3
边缘编织A
◁ = 加线
◀ = 剪线
□ = | 下针

23

23 页

●**材料** Ski World Selection Fano（中粗）紫色系（1113）80g/2 团

●**工具** 棒针 8 号

●**成品尺寸** 自由

●**编织密度** 10cm×10cm 面积内：双罗纹针 20 针，23.5 行

●**编织要点** 下摆用手指做环形起针，编织双罗纹针。育克部分如图所示在两肩减针，衣领部分不加、减针，编织双罗纹针，将 2 团线编完。最后做下针织下针、上针织上针的伏针收针。

※ 为了将 2 团线用完，衣领的行数仅供参考

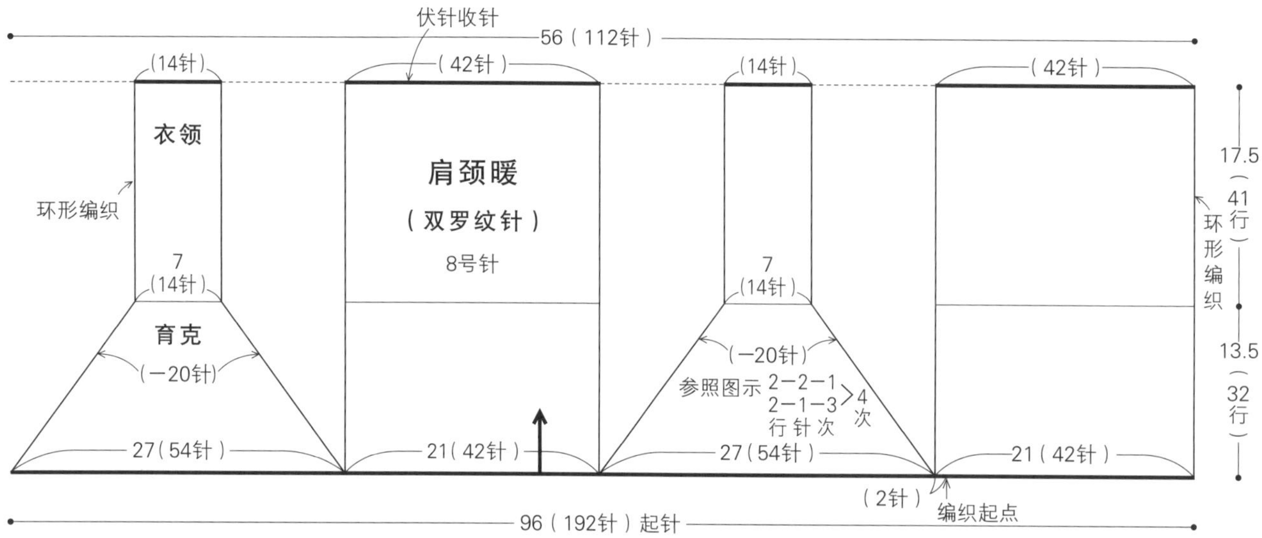

育克的减针方法

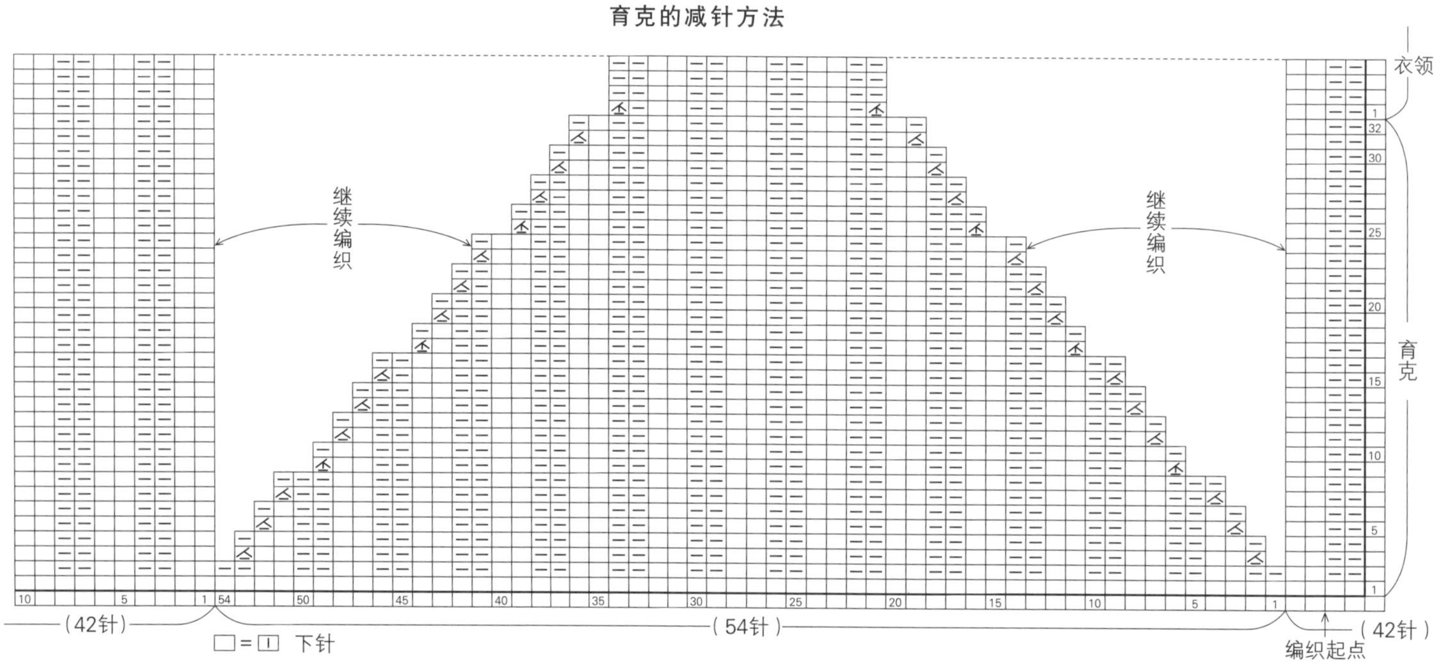

09

11 页

●**材料** Ski 风花（中细）青瓷色（2004）350g/12 团；直径 1.5cm 的纽扣 6 颗

●**工具** 钩针 4/0 号

●**成品尺寸** 胸围 97cm，衣长 54cm，连肩袖长 68cm

●**编织密度** 10cm×10cm 面积内：编织花样 30 针，10 行

●**编织要点** 身片、袖锁针起针，按照图示做编织花样。长针是中心的花样，要注意编织得均匀有致。加针时，前领窝参照图 1，袖下参照图 2。肩部做卷针缝缝合，钩织锁针将袖接合于身片。胁部和袖下钩织引拔针和锁针接合，下摆做往返编织，袖口环形编织短针的棱针。依次在衣领、前门襟处编织棱针，在右前门襟开扣眼。

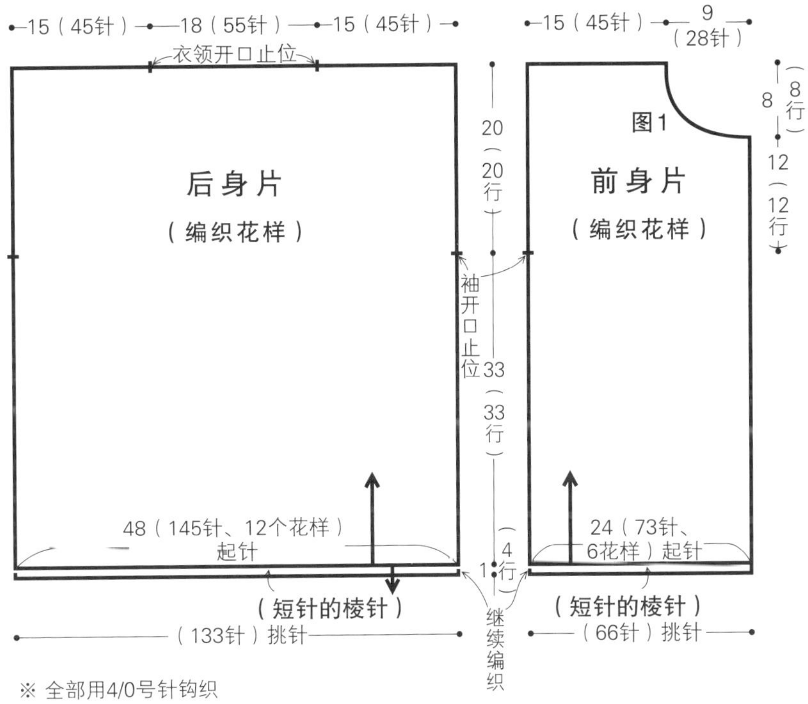

※ 全部用4/0号针钩织

衣领、前门襟（短针的棱针）

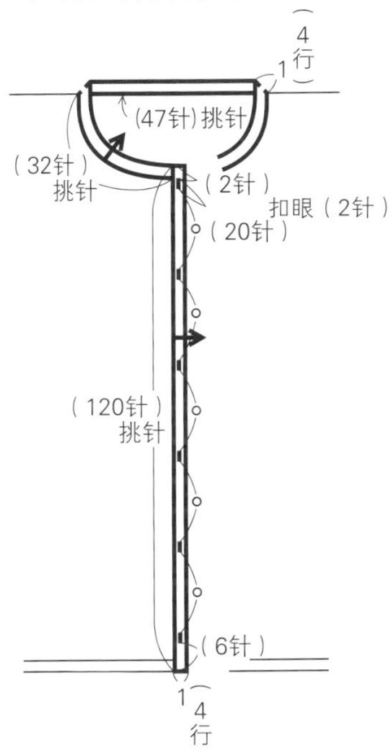

编织花样

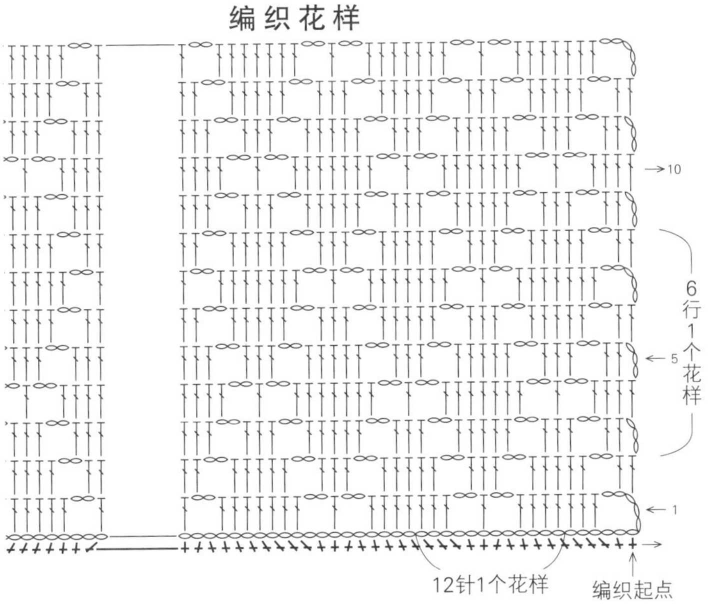

短针的棱针

（下摆、衣领、前门襟）

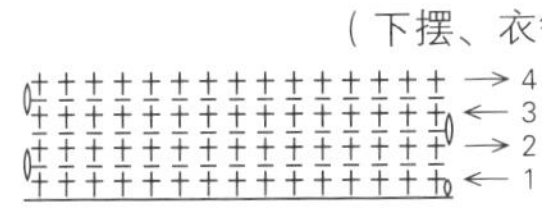

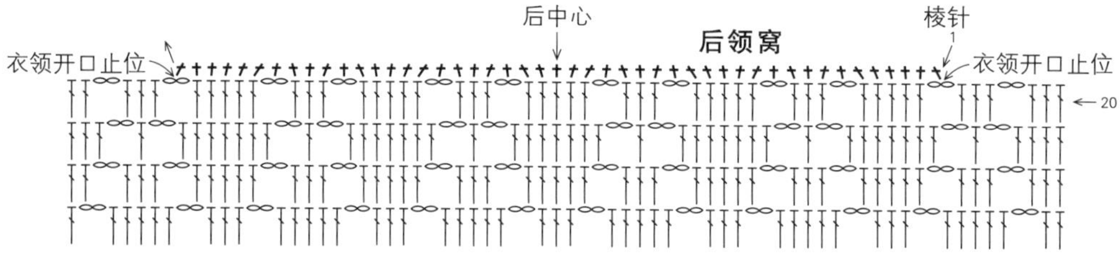

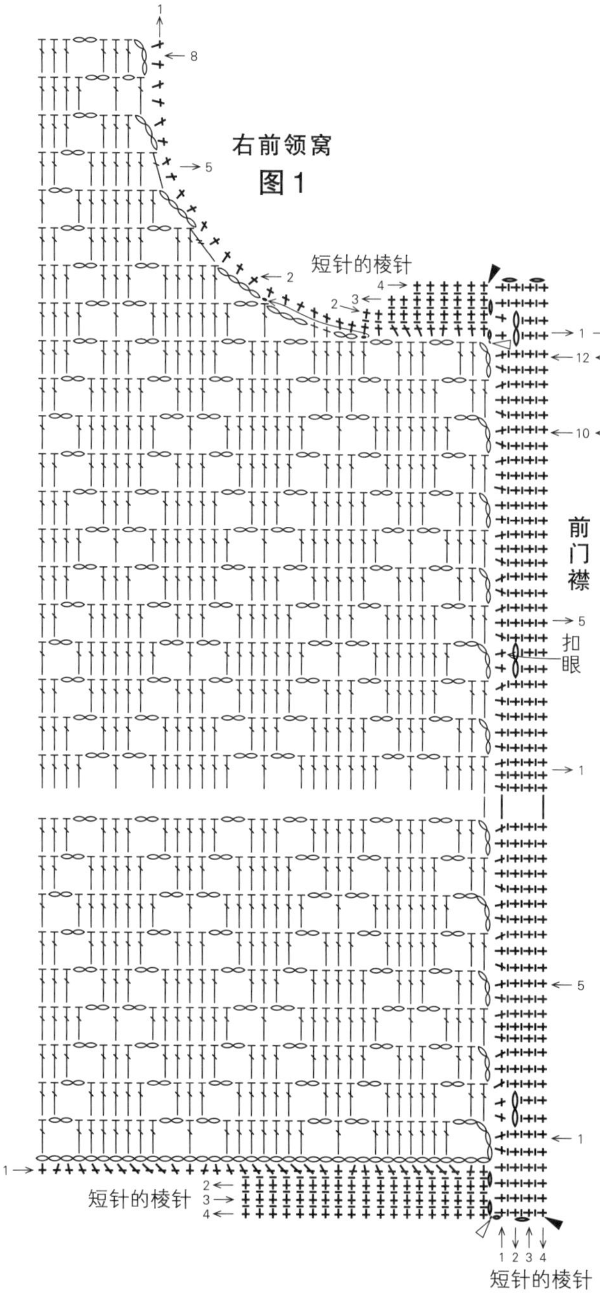

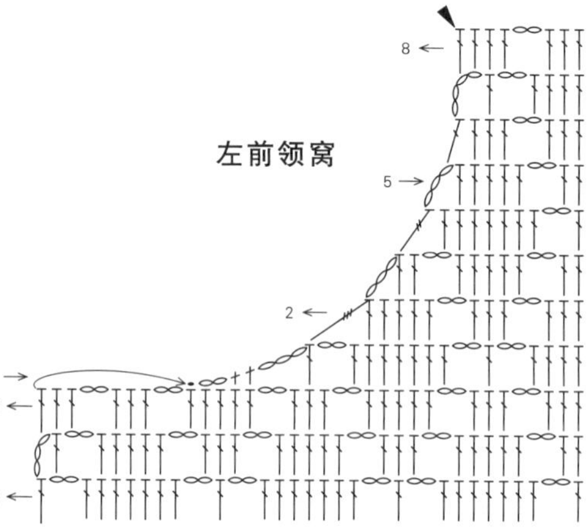

◁ = 加线
◀ = 剪线
⌒ = 渡线

短针的棱针

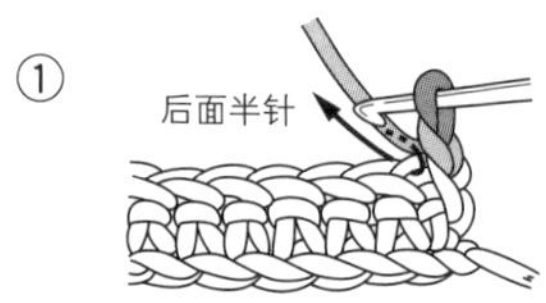

将钩针插入前一行针目头部的后面半针，钩织短针。

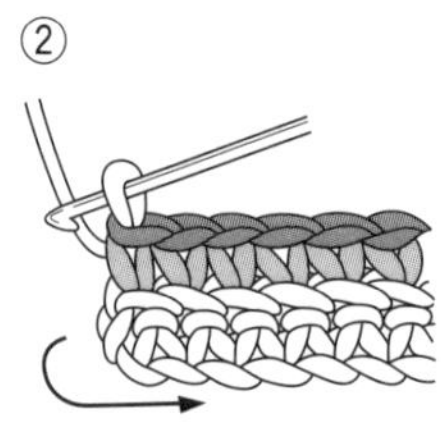

钩织至端头，如箭头所示翻转织片。

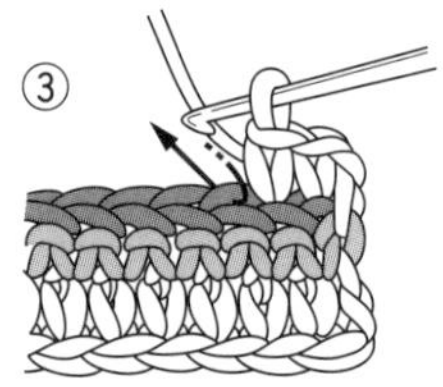

每一行都将钩针插入后面半针，钩织短针。

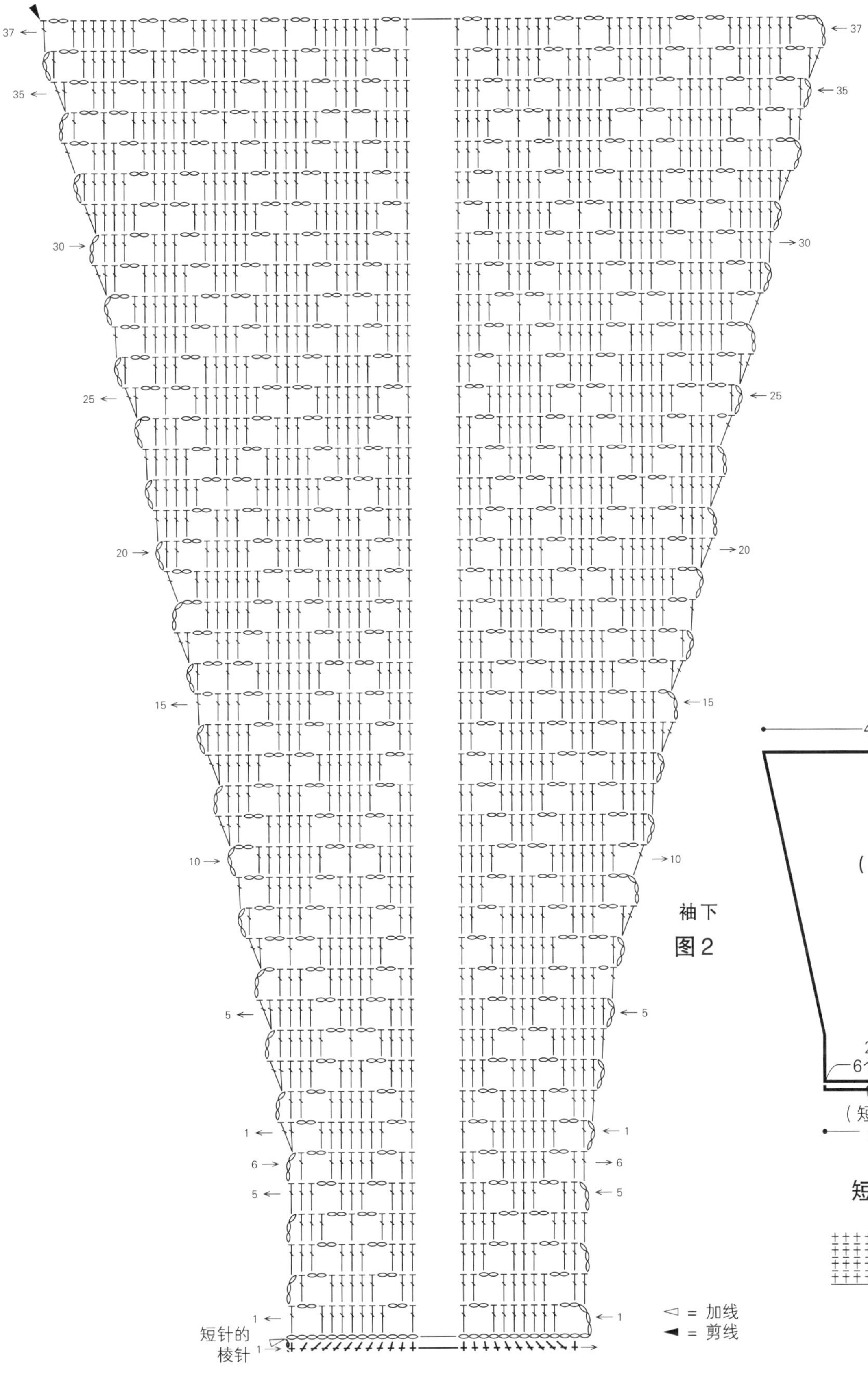

袖下

图2

◁ = 加线

◀ = 剪线

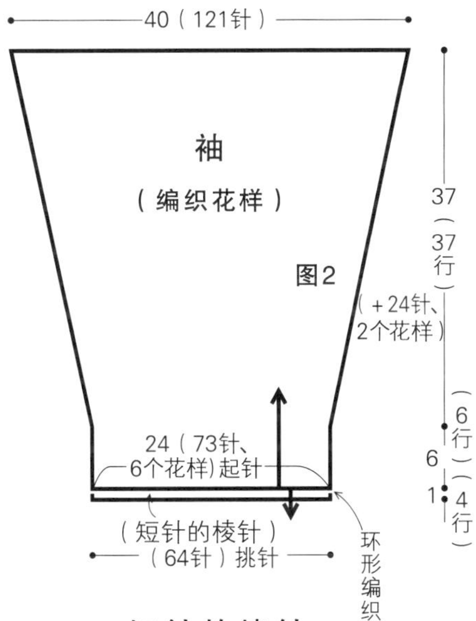

短针的棱针

（袖口）

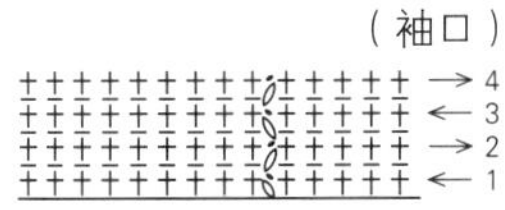

15

18页

● **材料** Ski Tasmanian Polwarth（粗）灰色（7026）260g/7团，冰灰色（7003）90g/3团，绿松石色（7009）90g/3团

● **工具** 棒针8号、11号

● **成品尺寸** 胸围98cm，衣长57.5cm，连肩袖长72.5cm

● **编织密度** 10cm×10cm面积内：下针编织（取2根线）15.5针，21.5行；条纹花样14.5针，32行

● **编织要点** 身片另线锁针起针，按照图示编织条纹花样，A色取1根灰色线，B色将冰灰色线和绿松石色线各取1根合为1股编织。插肩线减针时，立起侧边2针减针。袖另线锁针起针，取2根灰色线做下针编织。下摆和袖口解开另线锁针挑针，各取1根冰灰色线和绿松石色线合为1股做边缘编织，最后从反面编织1针放2针的下针做伏针收针。插肩线的身片和袖的行数不同，挑针缝合时需要注意。胁部、袖下也使用毛线缝针做挑针缝合，衣领环形编织，最后改变编织方向按照下摆和袖口的方法做伏针收针。

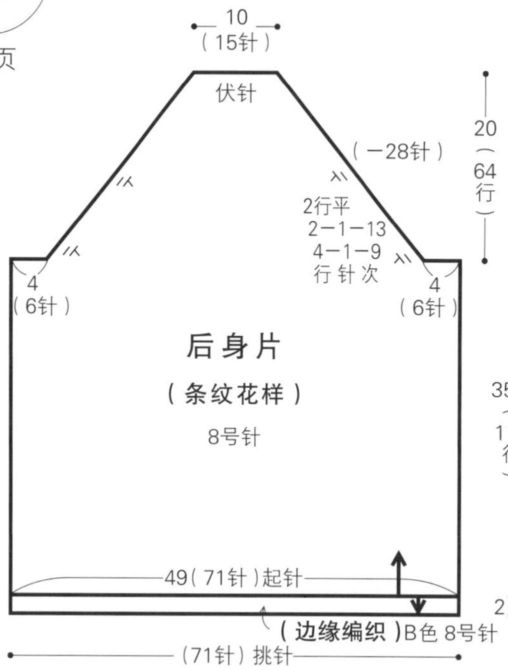

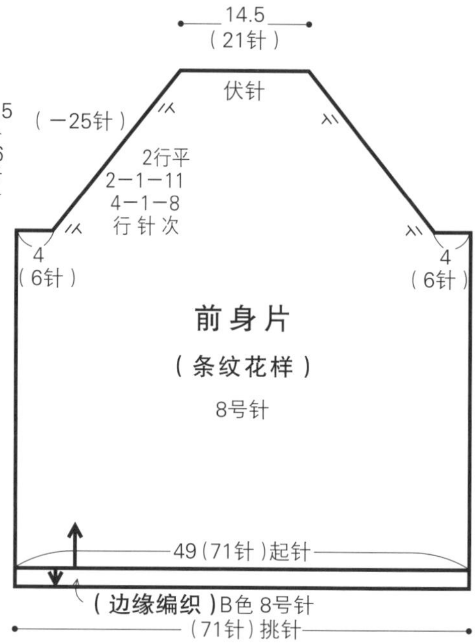

条纹花样

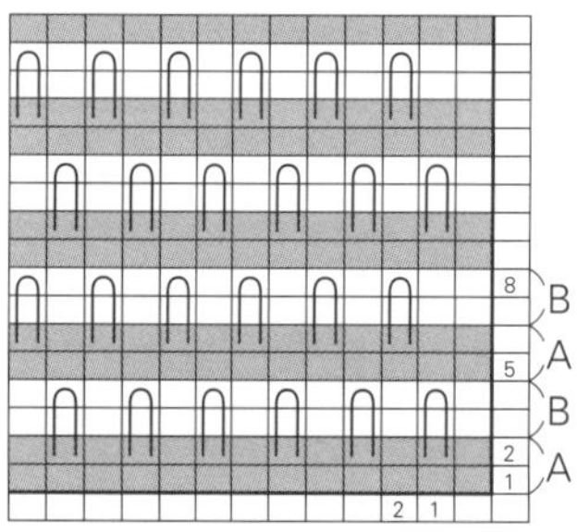

□=□ 下针

A 灰色线1根

B 绿松石色线、冰灰色线 各取1根合为1股

边缘编织（B色）

一边在1针中编织2针，一边做伏针收针

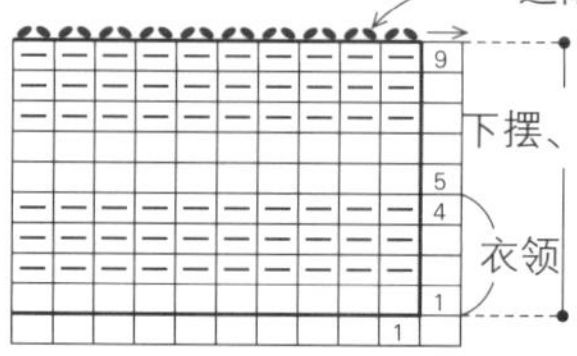

□=□ 下针

衣领（上针编织）

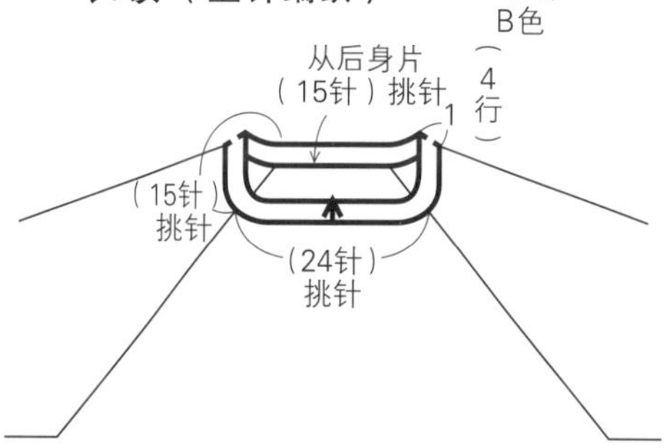

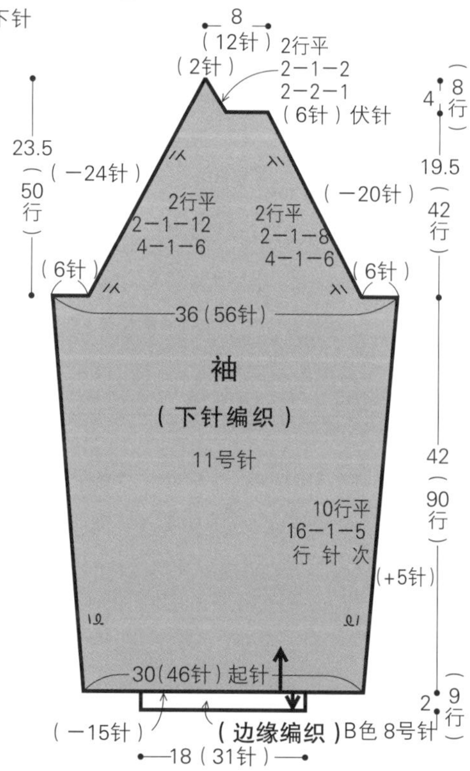

※ 袖取2根灰色线编织

10

12页

●**材料** Ski Tasmanian Polwarth（粗）粉米色（7029）180g/5 团，Ski Elise（中细）银色（101）35g/2 团

●**工具** 钩针 5/0 号

●**成品尺寸** 胸围 100cm，衣长 50.5cm，连肩袖长 26cm

●**编织密度** 4.5cm×10cm 面积内：1 个条纹花样 A 11 行；2.9cm×10cm 面积内：1 个编织花样 B 18 行；花片大小为 7.5cm×4.5cm

●**编织要点** 下摆用连接花片的方法钩织。用粉米色线钩织锁针起针，挑起里山钩织短针的棱针。钩织 8 行，从第 9 行开始换为银色线，在左端和粉米色线连在一起钩织成叶子的形状。从第 2 片花片开始，一边和前面的花片连接，一边环形钩织 22 片。前、后身片分别从花片上挑针，编织条纹花样、编织花样 B。后领窝参照图 1 钩织，前领窝参照图 2 钩织。肩部做卷针缝缝合，胁部钩织引拔针和锁针接合。袖口和衣领做边缘编织。

编织花样B

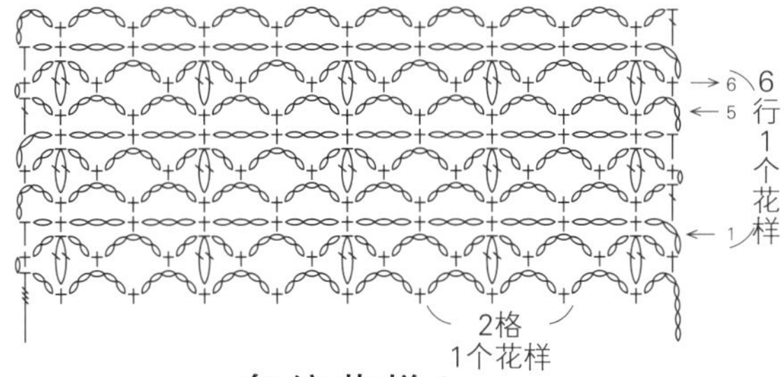

花朵的钩织方法

条纹花样A

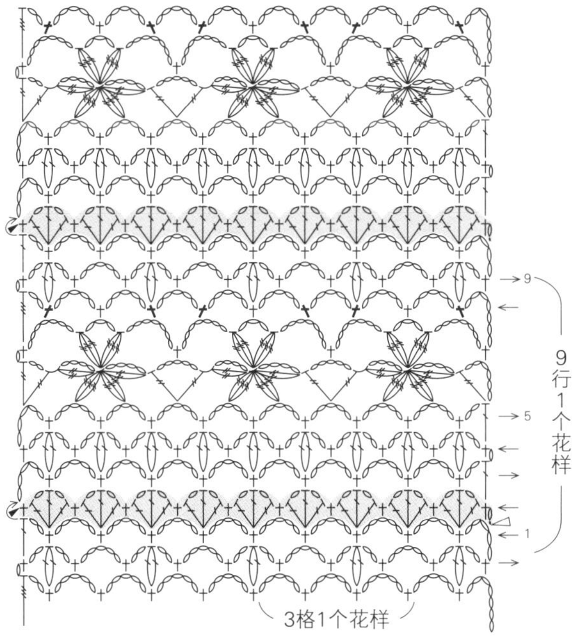

(阴影)	Elise
(白)	Polwarth

◁ = 加线
◀ = 剪线
† = 分开针目挑针

※ 全部使用5/0号针钩织

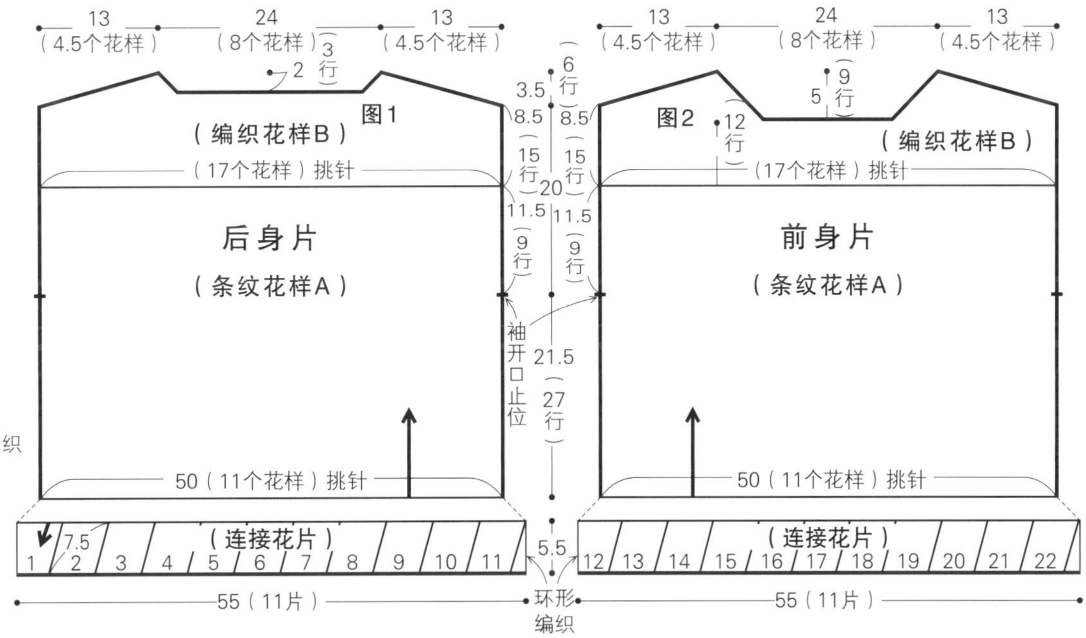

衣领、袖口（边缘编织）

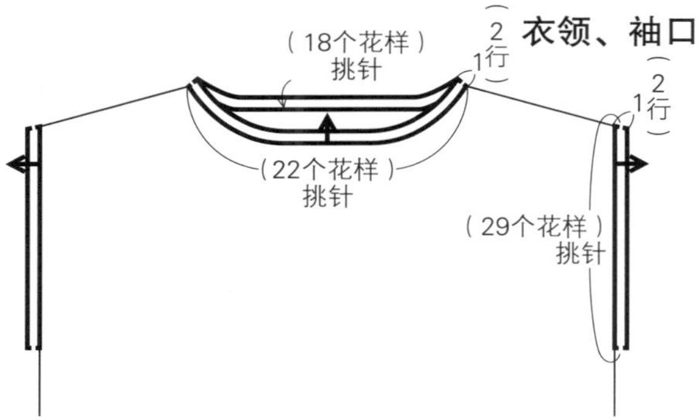

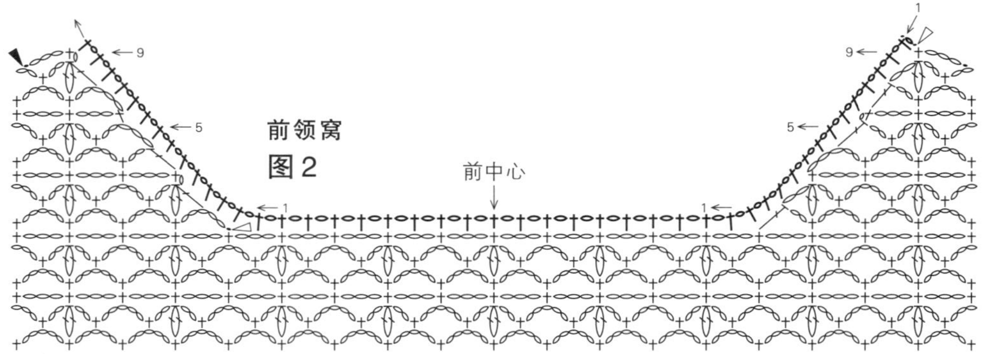

边缘编织

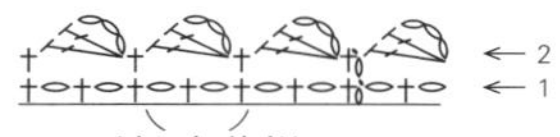

※长针按照引拔的狗牙针的要领钩织

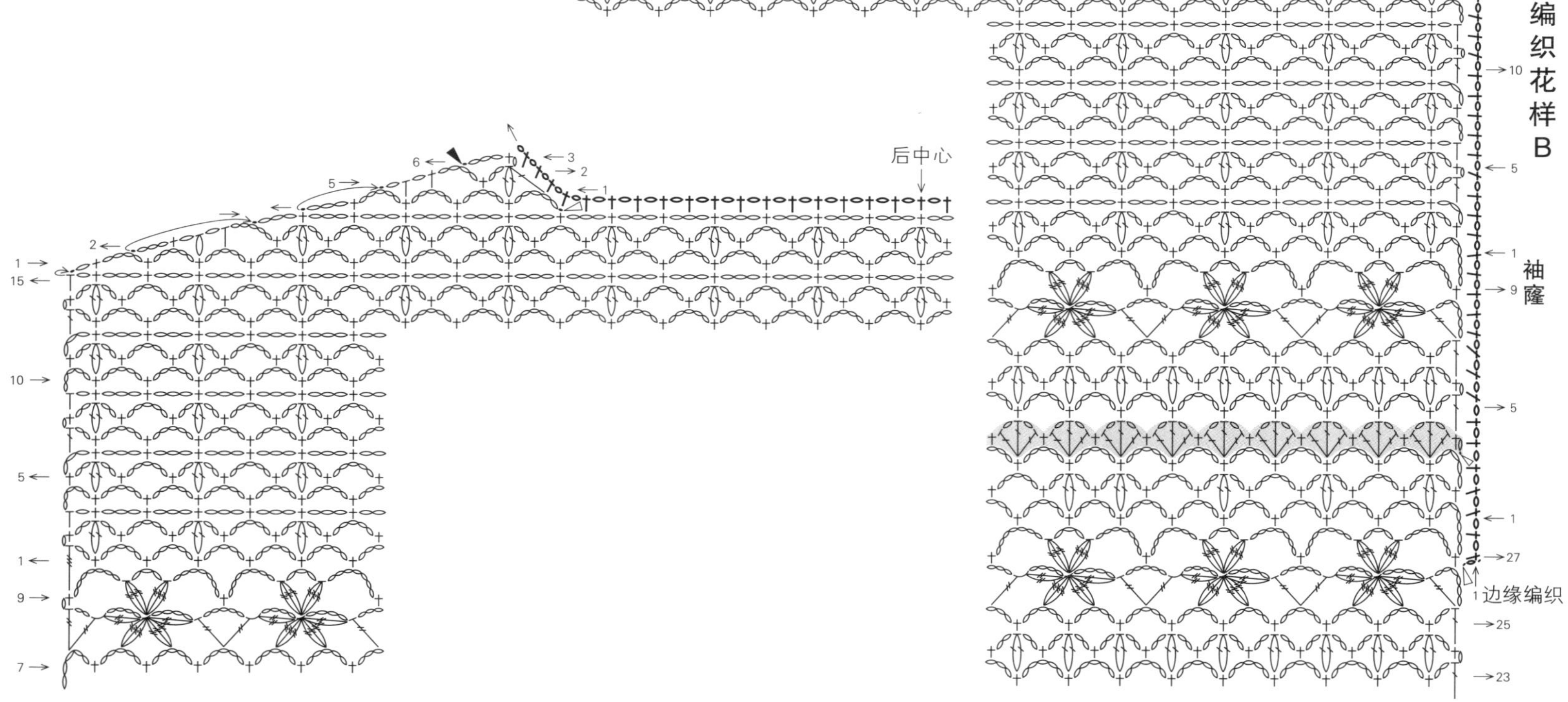

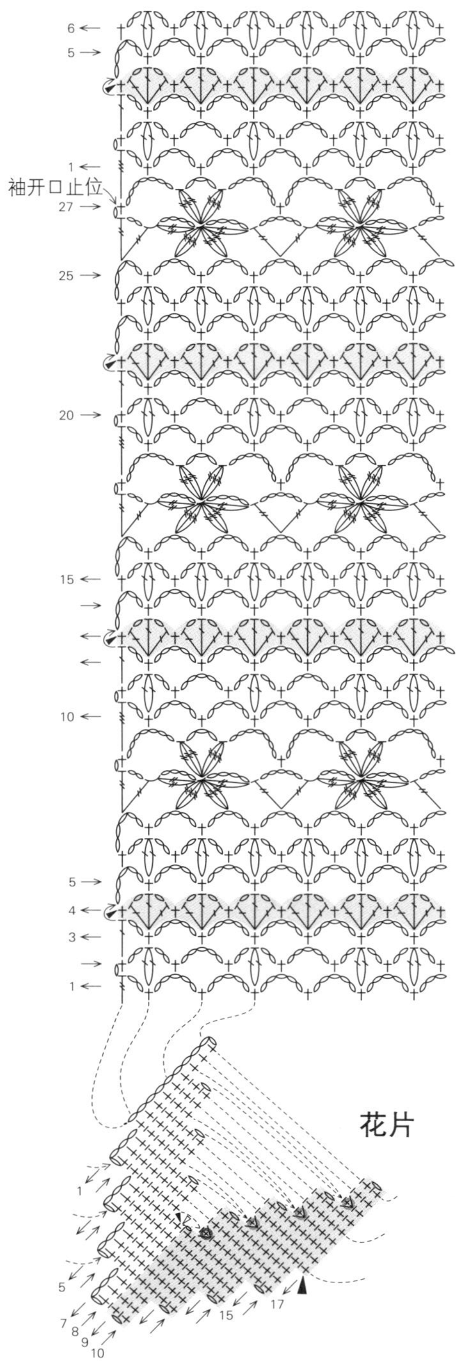

花片

花片

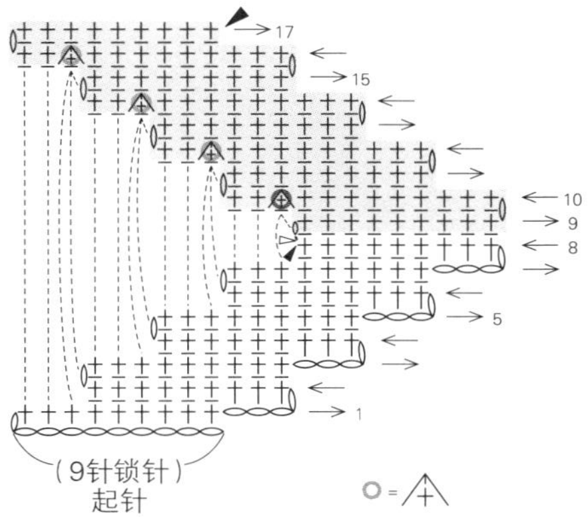

○=3针短针并1针
○=2针短针并1针

●短针的棱针编织
方法参照第 60 页

(灰色)	Elise
(白色)	Polwarth

◁ = 加线
◀ = 剪线
⤻ = 渡线

○=3针短针并1针
○=2针短针并1针

条纹花样A

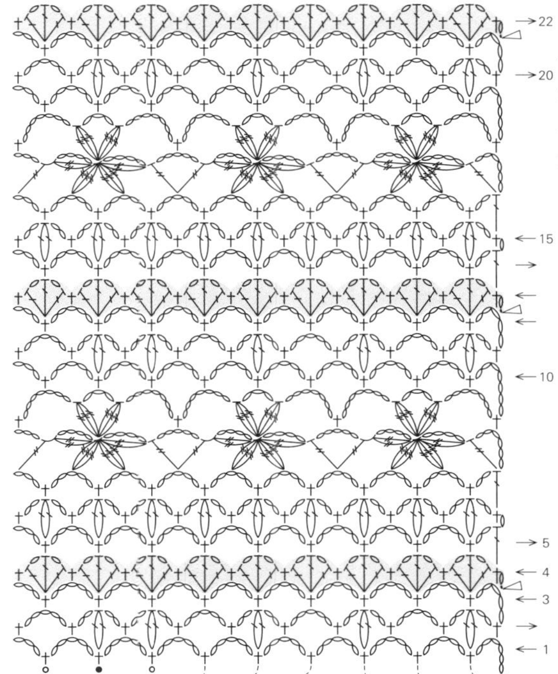

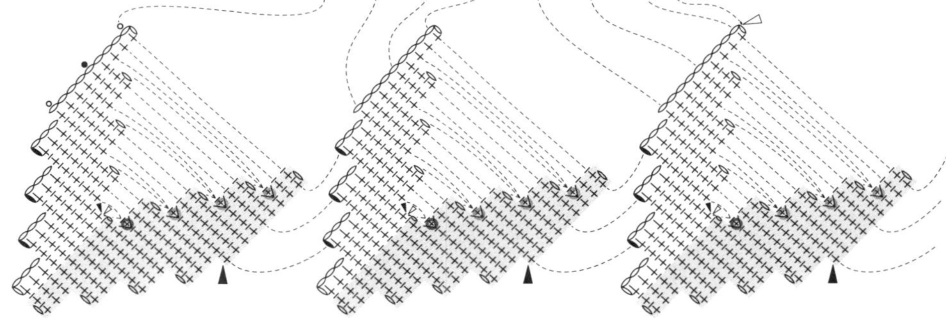

花片的连接方法

将钩针抽出，插入相邻
花片的头部，将线圈拉出

24

23页

●**材料** Ski Fuwarl（中粗）青瓷色（2219）90g/3 团

●**工具** 钩针 8/0 号

●**成品尺寸** 宽 11cm，长 100cm

●**编织密度** 10cm×11cm 面积内：6 个编织花样 7 行

●**编织要点** 松松地锁针起针，挑起锁针的里山钩织编织花样的第 1 行。第 2 行开始，整段挑起前一行的锁针钩织。包住前面的长针，钩织 4 针中长针的枣形针。枣形针和长针都是斜着钩织的，要充分拉线，使枣形针整齐而蓬松。钩织出来的花样没有正反面之分。

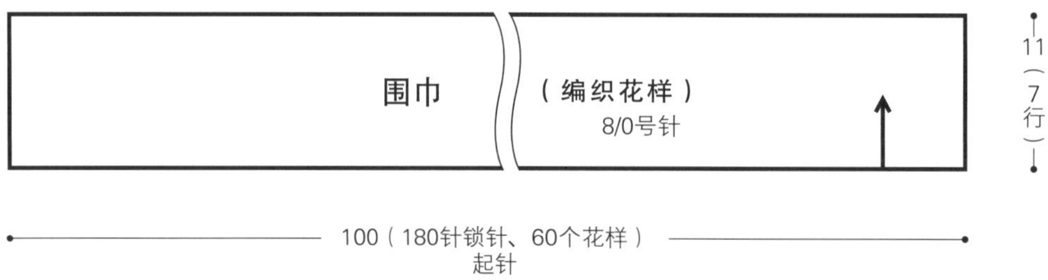

编织花样

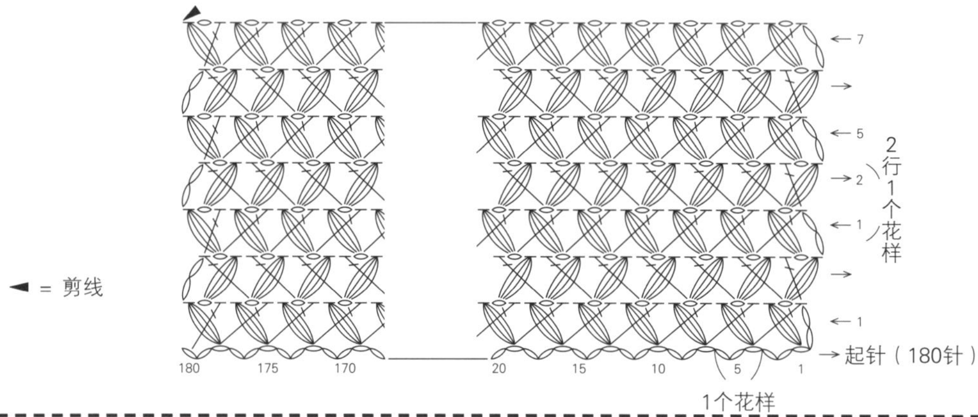

●作品 11 接 67 页

编织花样A

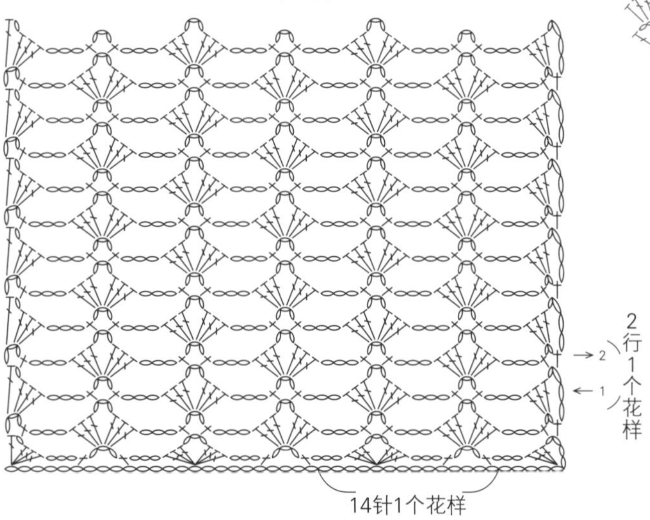

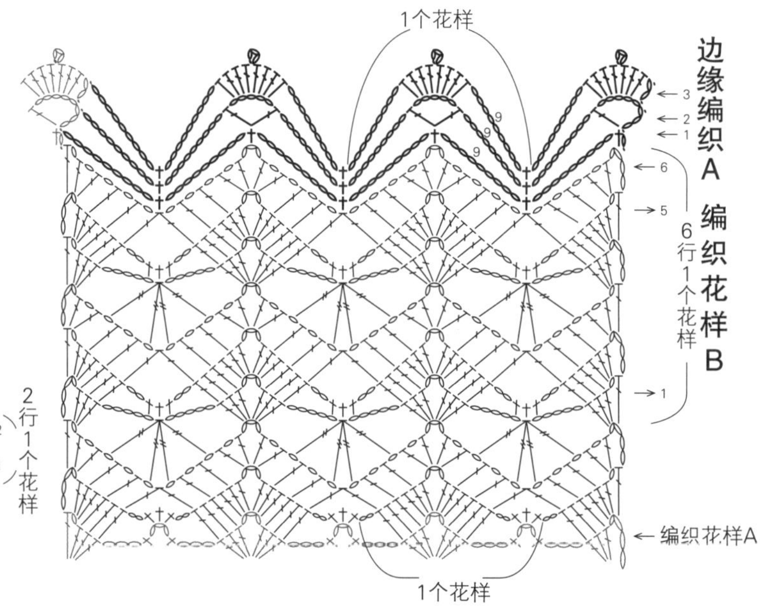

11

13 页

●**材料** Ski Merino Silk（粗）米色（2616）270g/9 团

●**工具** 钩针 6/0 号、7/0 号

●**成品尺寸** 胸围 96cm，肩宽 36cm，衣长 54cm，袖长 34.5cm

●**编织密度** 10cm×10cm 面积内：编织花样 A 23.5 针，10.5 行

●**编织要点** 从肩部向下摆钩织。锁针起针，参照图 1、图 2，挑起里山做编织花样 A。从胸部的花样交界处开始，一边调整编织密度一边做编织花样 B。从袖山向袖口钩织衣袖，先做编织花样 A，然后一边调整编织密度一边做编织花样 B。肩部做卷针缝缝合，胁部和袖下钩织引拔针和锁针接合。下摆和袖口环形做边缘编织 A，衣领做边缘编织 B。衣袖钩织引拔针和锁针接合于身片。钩织罗纹绳系成蝴蝶结，穿在 V 领尖端的编织花样 A 的针目中打结。

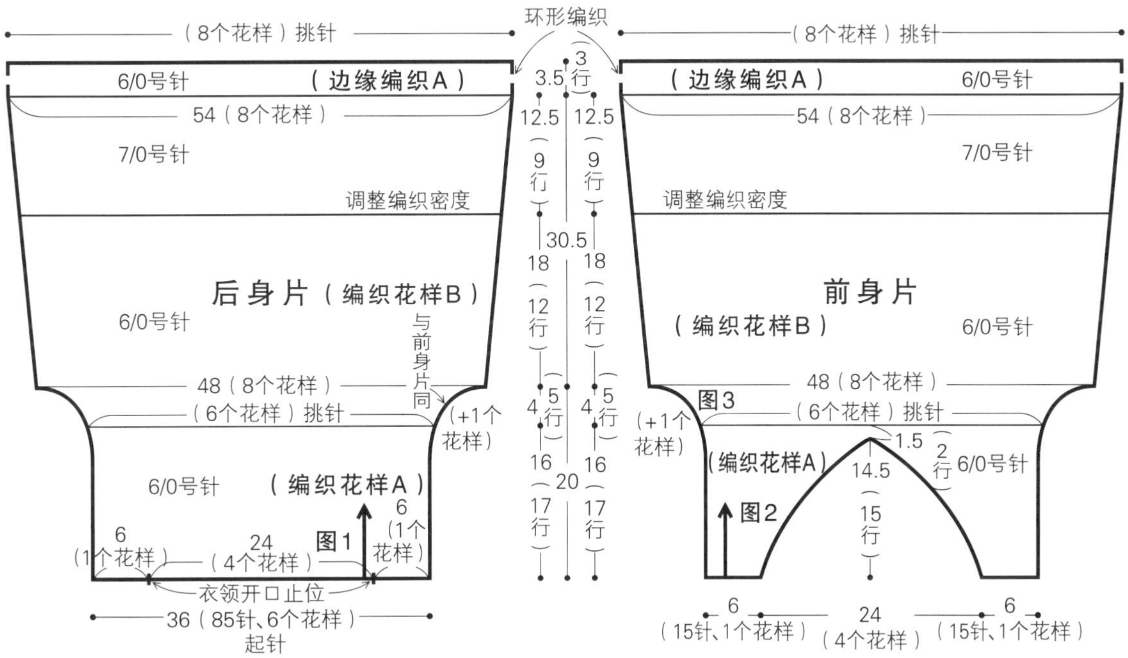

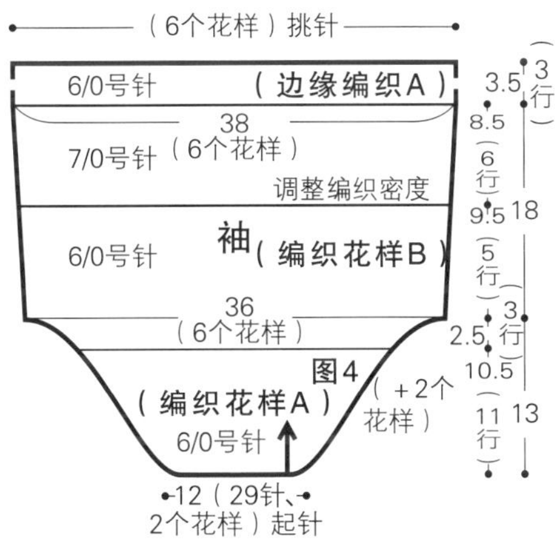

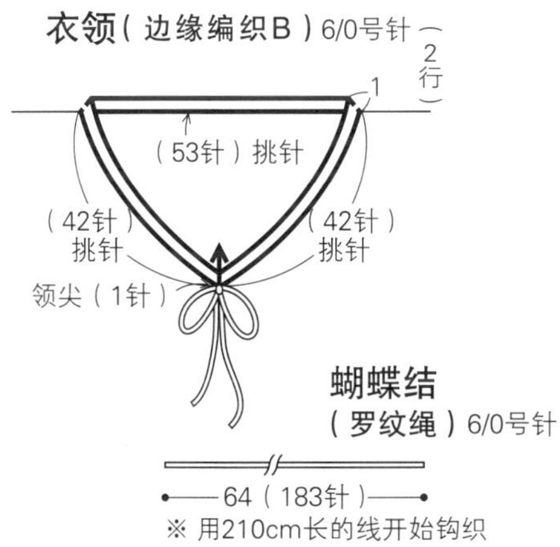

边缘编织 B

※长针按照引拔的狗牙针的要领钩织

●罗纹绳的钩织方法请参照第 101 页

●上接 66 页

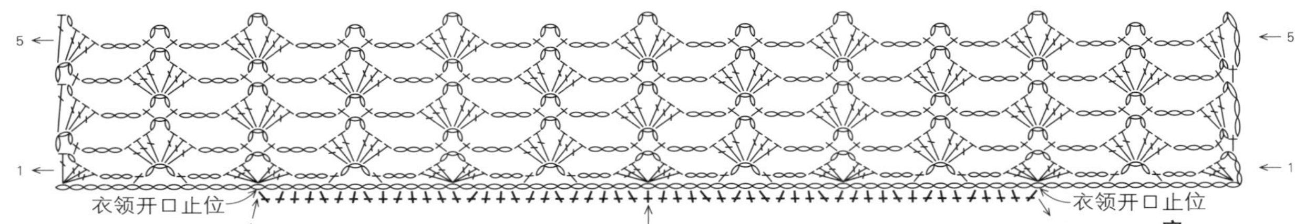
5
1
衣领开口止位
1
边缘编织B 6/0号针
后中心
衣领开口止位
肩

后领窝　图1

1个花样
边缘编织A 6/0号针
3
2
1
9
9
5
1
12
11
从这里开始用7/0号针
用6/0号针钩织到此

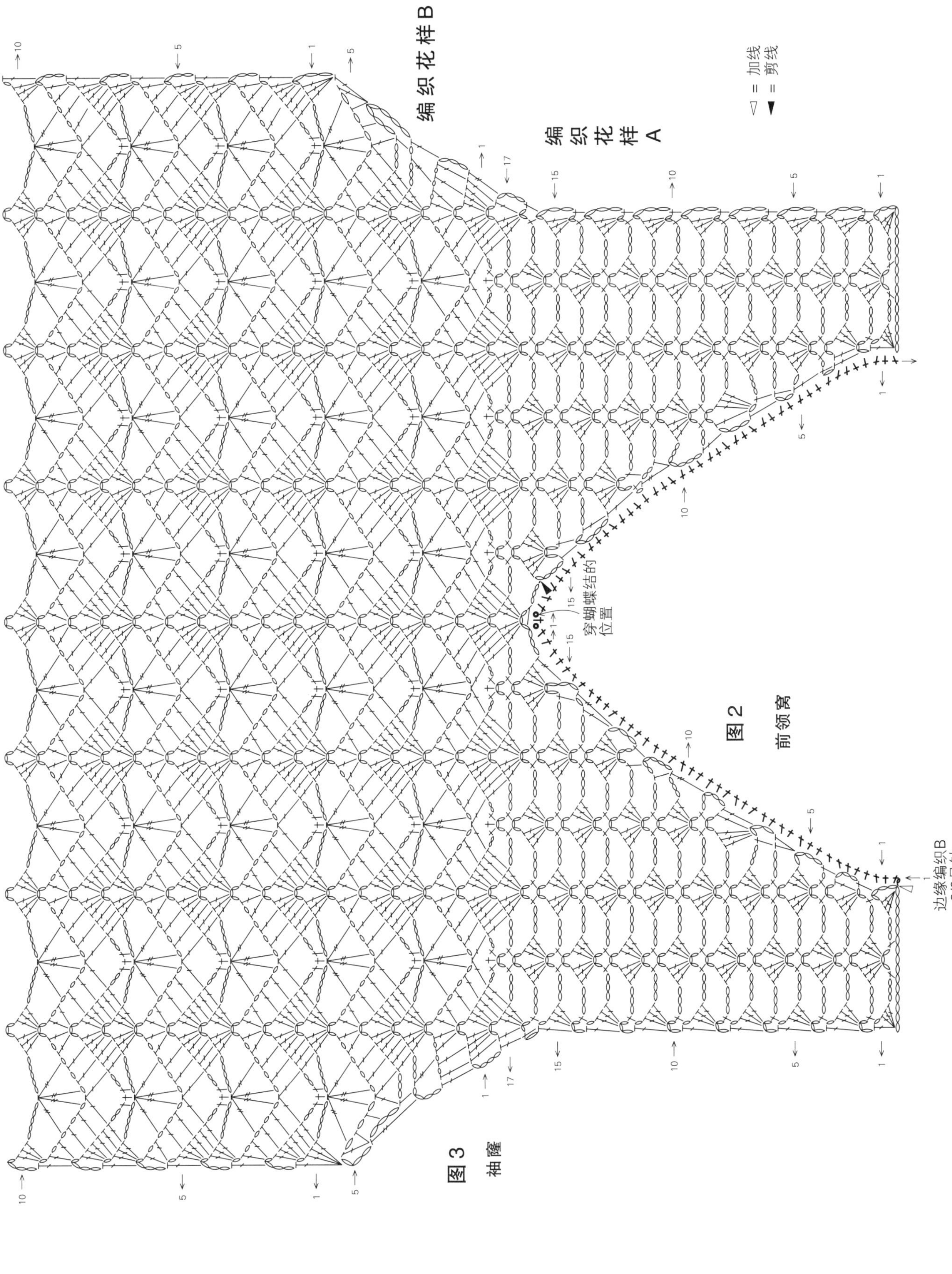
编织花样B
编织花样A
▽ = 加线
◀ = 剪线
穿蝴蝶结的位置
图2
前领窝
图3
袖窿
边缘编织B
6/0号针

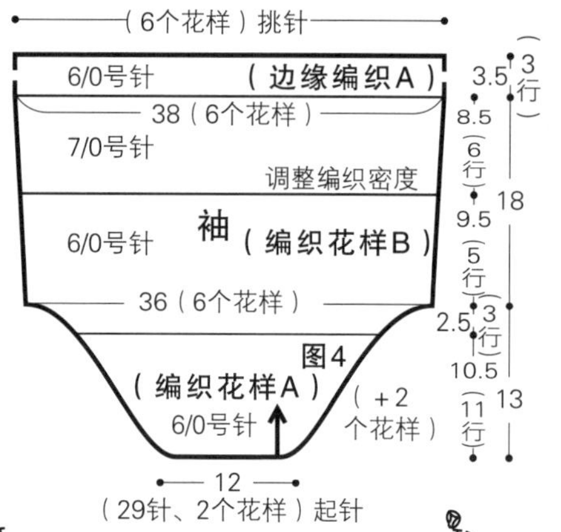
(6个花样)挑针
6/0号针 (边缘编织A)
38(6个花样)
7/0号针
调整编织密度
6/0号针 袖(编织花样B)
36(6个花样)
图4
(编织花样A)
6/0号针
(+2个花样)
12
(29针、2个花样)起针
3.5(3行)
8.5(6行)
18
9.5(5行)
2.5(3行)
10.5(11行)
13

◁ = 加线
◀ = 剪线

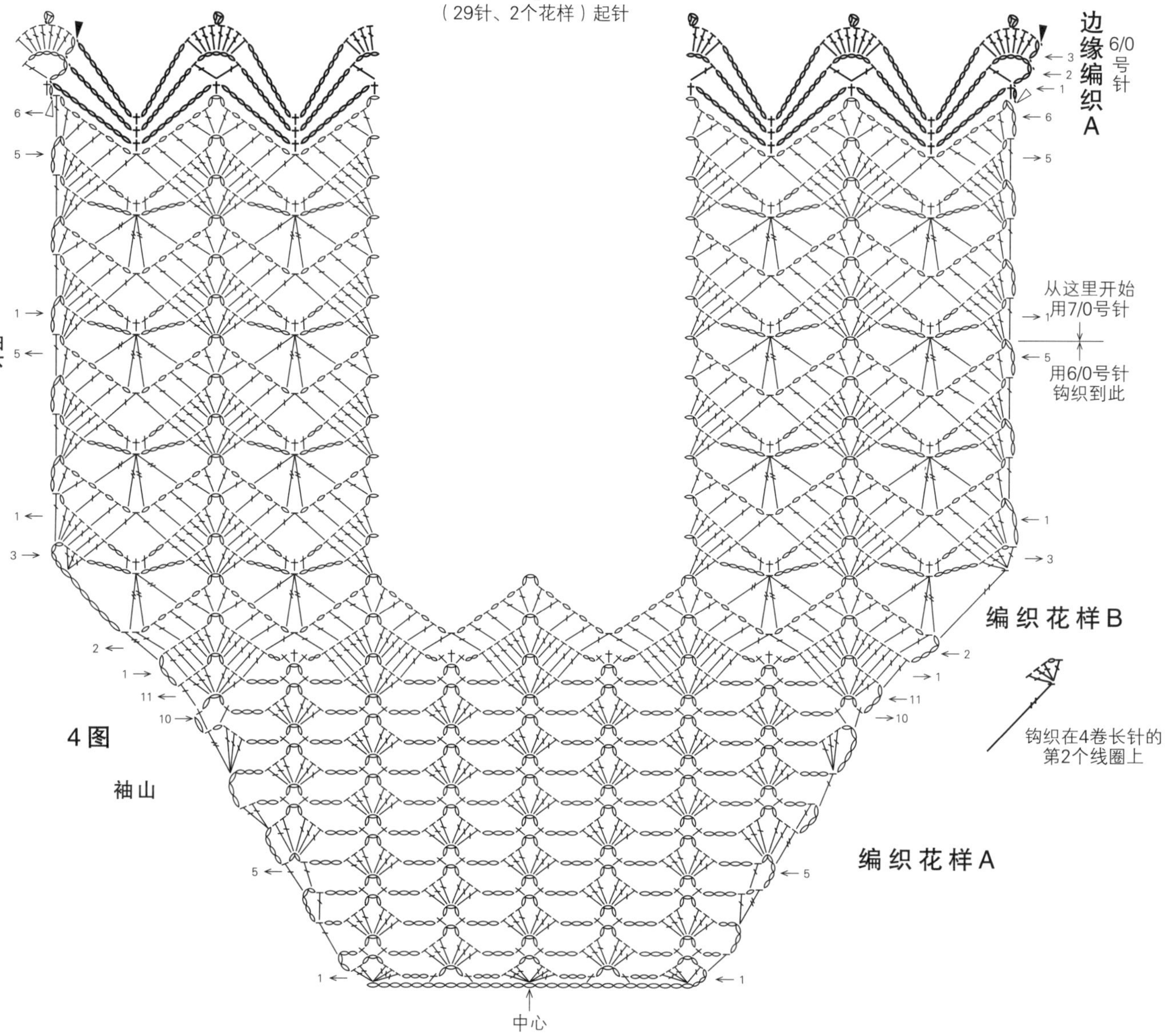
边缘编织A 6/0号针
从这里开始用7/0号针
用6/0号针钩织到此
袖下
编织花样B
钩织在4卷长针的第2个线圈上
4图
袖山
编织花样A
中心

30

30 页

●材料 Ski Polwarth Plus Hand Dye（粗）薰衣草色（7101）330g/10 团

●工具 棒针 6 号，钩针 6/0 号

●成品尺寸 胸围 92cm，肩宽 40cm，衣长 47cm，袖长 35cm

●编织密度 10cm×10cm 面积内：编织花样 20.5 针，26 行

●编织要点 后身片手指起针，按照图示做编织花样，袖窿编织伏针。前身片的起针方法和后身片相同，前下摆用卷针加针的方法编织出弧度，前领窝立起侧边的针目减针。衣袖编织下针编织和编织花样，袖下在侧边的 1 针内侧将渡线扭一下编织加针，最后做伏针收针。从各身片、衣袖分别挑针做边缘编织。肩部做盖针接合，钩引拔针将衣袖接合于身片。胁部和袖下挑起侧边 1 针内侧使用毛线缝针缝合，流苏边缘编织的部分挑起内侧半针缝合。

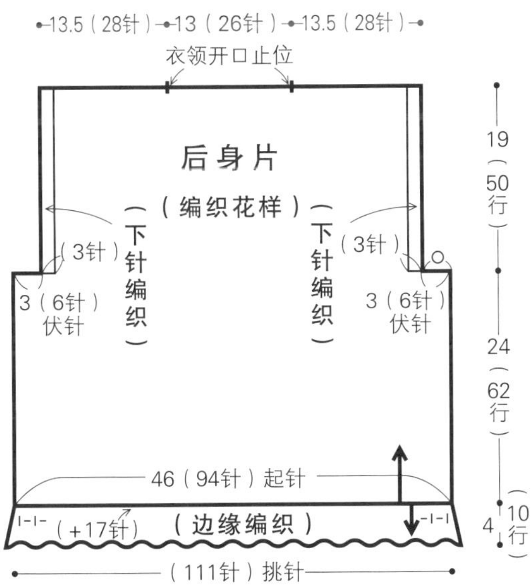

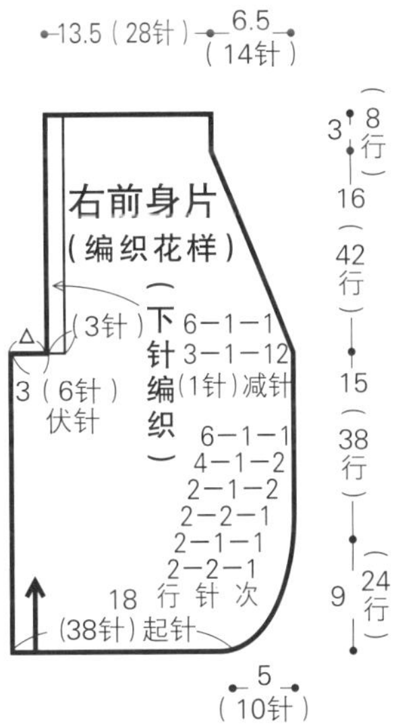

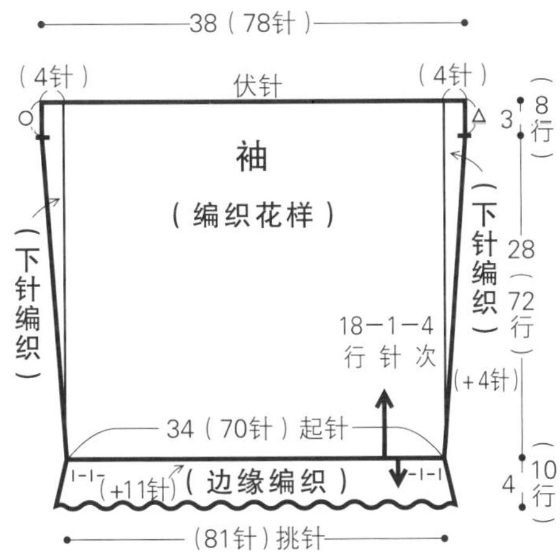

※ 除边缘编织的引拔针以外均用6号针编织

※ ○、△ 标记对齐针与行，使用毛线缝针缝合

※ 胁部、袖下挑起侧边1针缝合，边缘编织挑起内侧半针缝合

下摆、前门襟、前衣领（边缘编织）

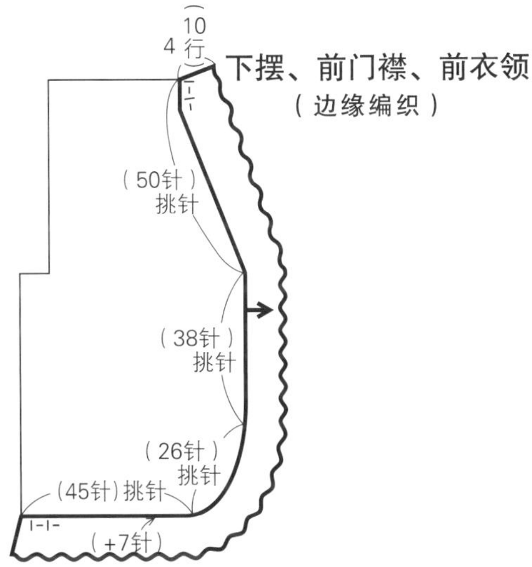

※ 从前身片（159针）挑针

后衣领（边缘编织）

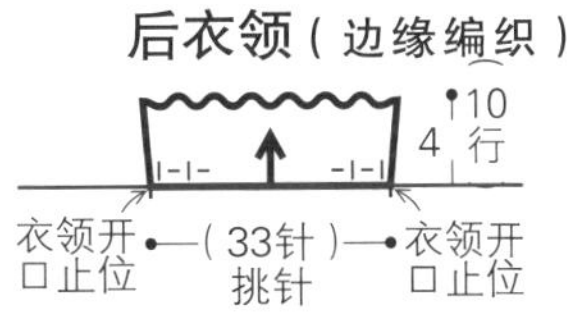

编织花样

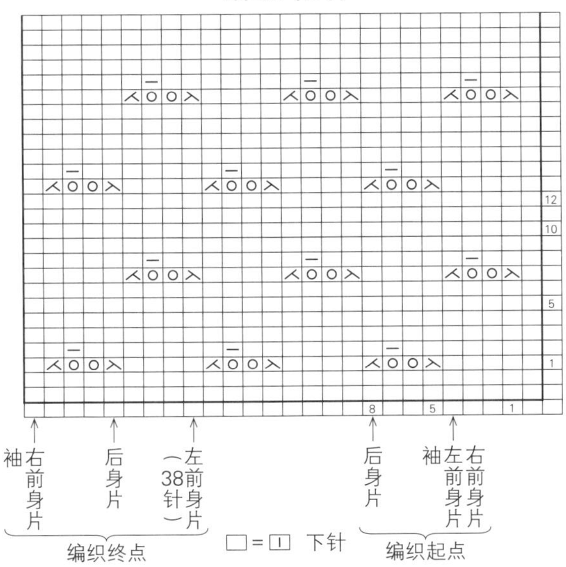

边缘编织

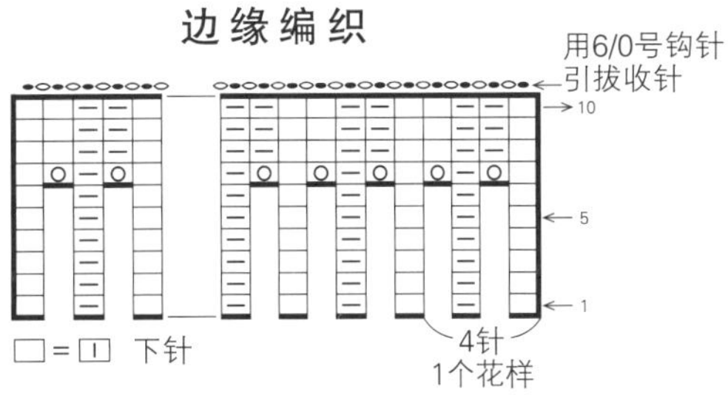

12

14页

●**材料**　Ski Luno(粗)深绿色(7209)240g/8团

●**工具**　钩针5/0号

●**成品尺寸**　衣长57cm，连肩袖长43.5cm

●**编织密度**　7.3cm×10cm面积内：1个花样10.4行

●**编织要点**　锁针起针，挑起锁针的半针和里山做编织花样，不加、减针。袖下钩织引拔针和锁针接合，袖口环形做边缘编织。衣领、前门襟、下摆连在一起做边缘编织。

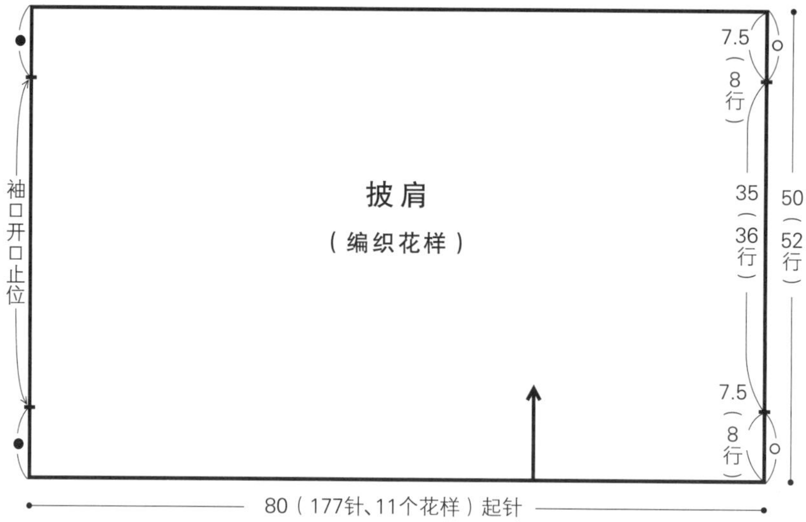

※ 全部用5/0号针钩织

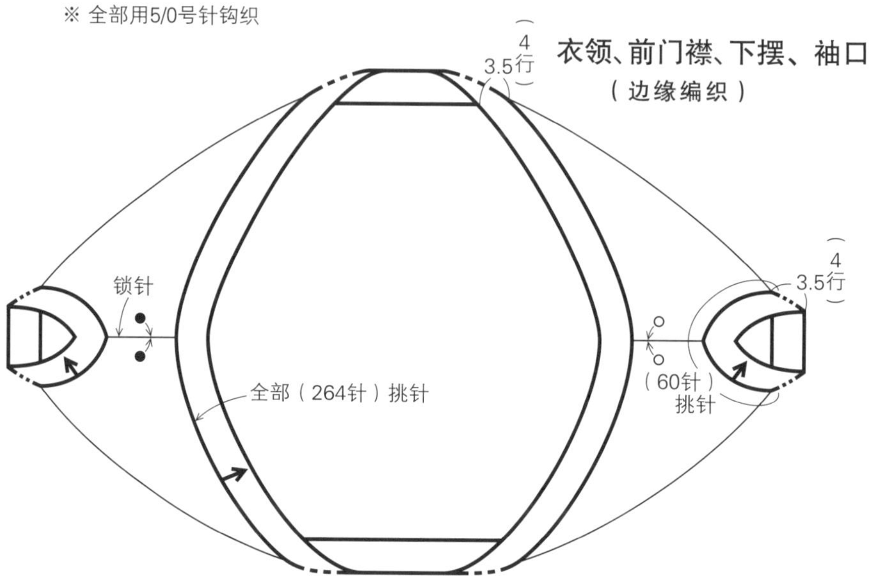

编织花样

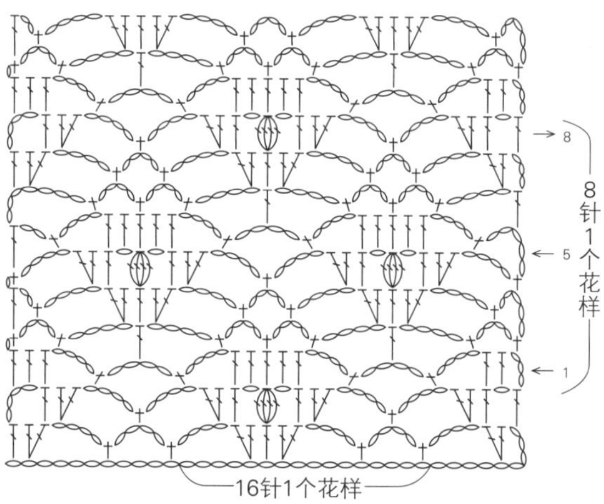

边缘编织

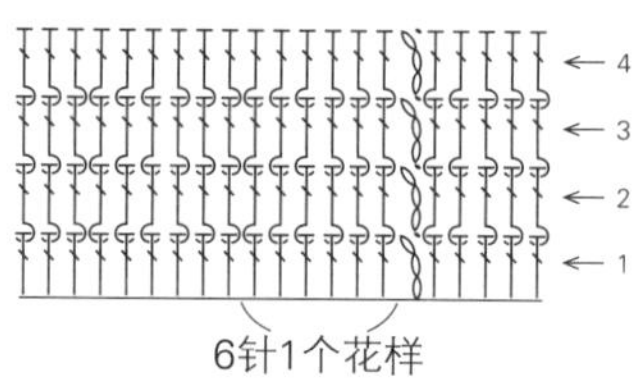

●长针的正拉针、反拉针的钩织方法请参照第102页

袖口
边缘编织
继续钩织
接续钩织
边缘编织
继续钩织
边缘编织
▽ = 加线
▼ = 剪线

13

15 页

●**材料** Ski Allegro（粗）浅灰色（2859）230g/8 团；风纪扣 1 组

●**工具** 钩针 5/0 号

●**成品尺寸** 胸围 91cm，衣长 57.5cm，连肩袖长 23.5cm

●**编织密度** 7.9cm×3.2cm 面积内：1 个花样 20 针，4 行

●**编织要点** 锁针起针，挑起锁针的半针和里山做编织花样，不加、减针。袖口参照图示钩织减针。肩部钩织引拔针和锁针接合，编织花样的锁针部分需整段挑起。下摆、前门襟、衣领连在一起做边缘编织，袖口也做边缘编织。风纪扣缝在前门襟内侧。

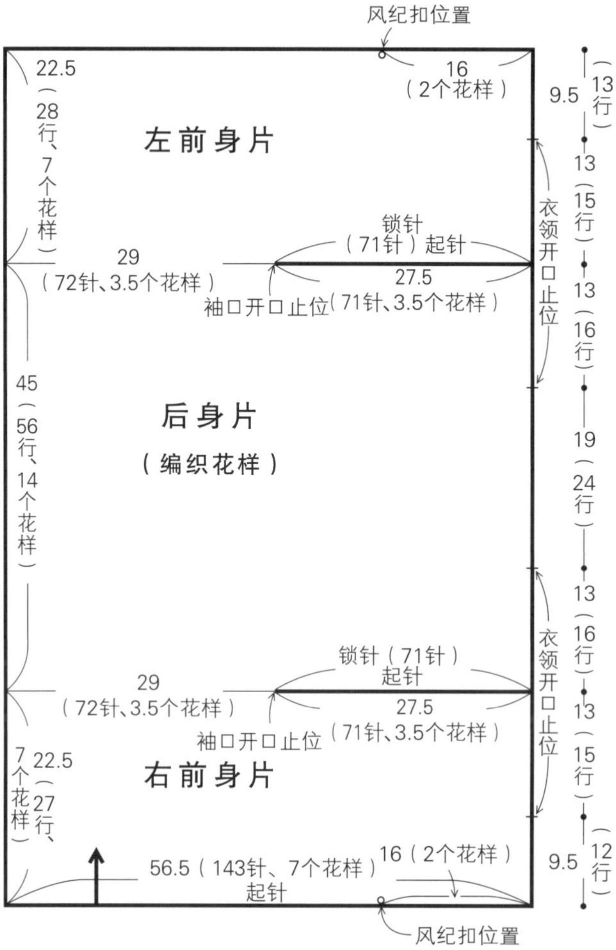

※ 全部使用5/0号针钩织

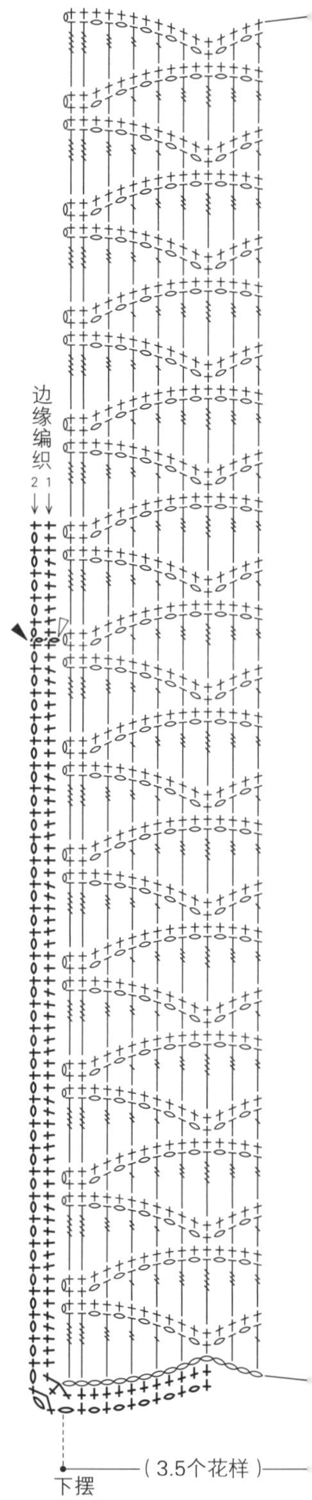

下摆、前门襟、衣领、袖口（边缘编织）

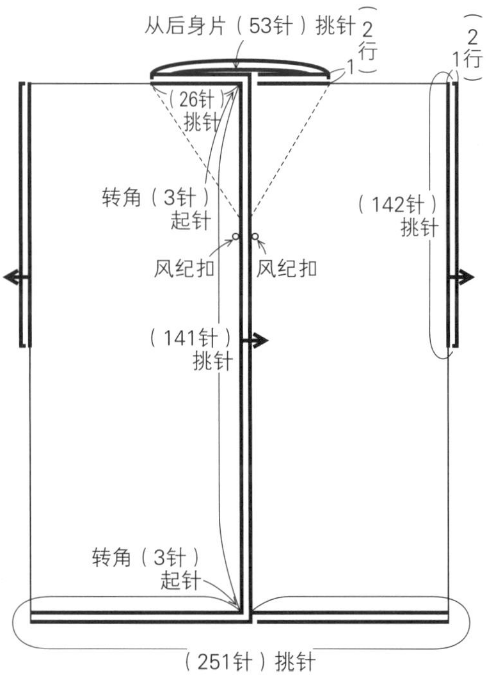

◁ = 加线
◀ = 剪线

转角的边缘编织方法

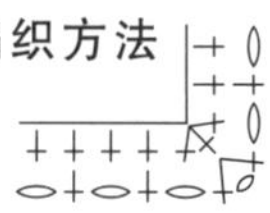

边缘编织

编织花样

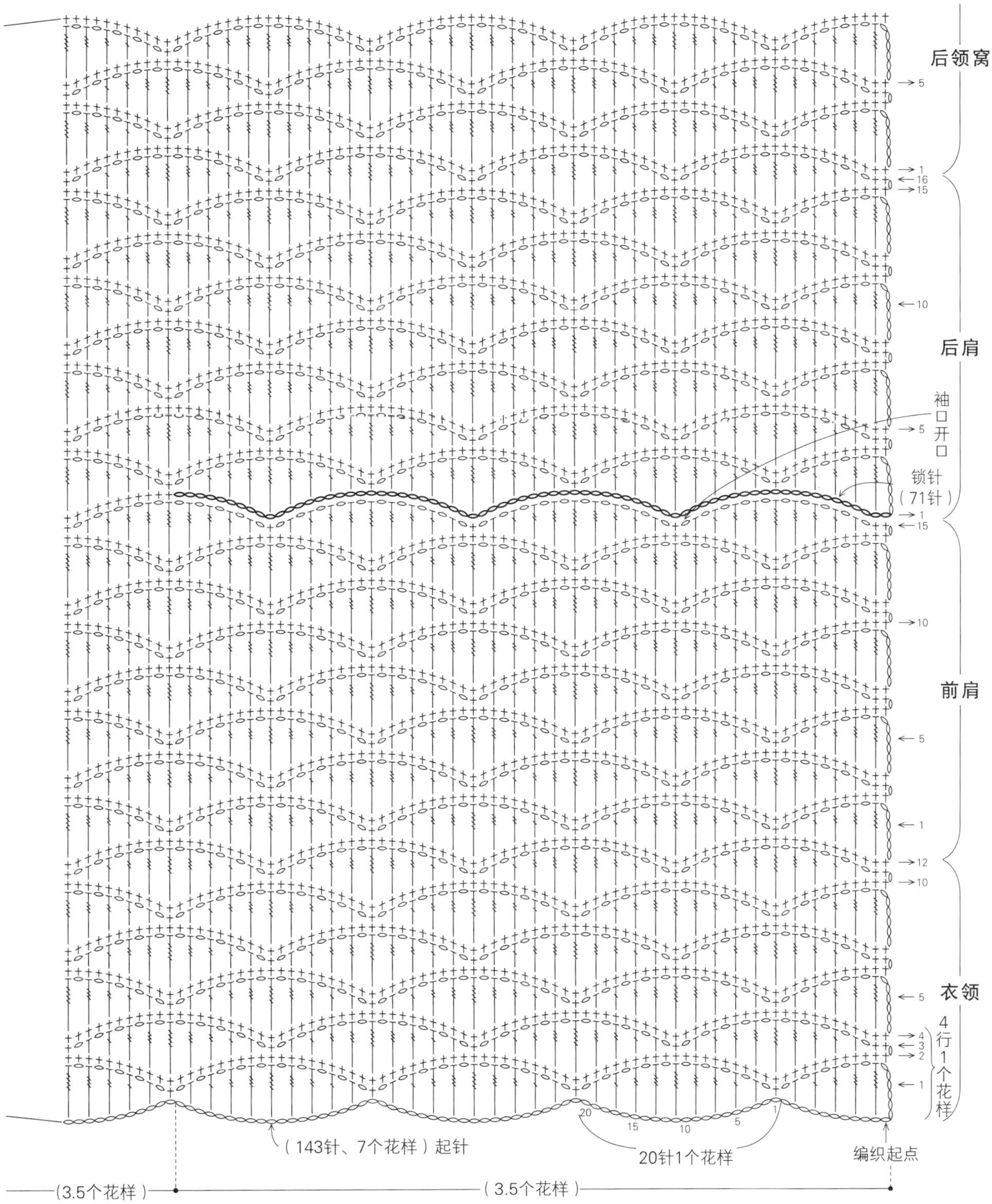

后领窝
后肩
袖口开口
锁针（71针）
前肩
衣领
4行1个花样
（143针、7个花样）起针
20针1个花样
编织起点
（3.5个花样）
（3.5个花样）

14

17 页

● 材 料 Ski Luno（ 粗 ）粉 米 色（7205）470g/16 团

●工具 棒针 5 号、3 号

●成品尺寸 胸围 98cm，肩宽 37cm，衣长 55cm，袖长 55.5cm

●编织密度 10cm×10cm 面积内：编织花样 A 22.5 针，36 行

●编织要点 身片、袖另线锁针起针，按照图示做编织花样 A。前身片从前开口开始左右两边分开编织至肩部。袖窿、领窝、袖山减针时，2 针及以上时做伏针减针，1 针时立起侧边 1 针减针。袖下在侧边 1 针内侧将渡线扭一下编织加针。下摆、袖口解开起针挑针，编织扭针的单罗纹针，编织终点做单罗纹针收针。肩部做盖针接合，胁部和袖下使用毛线缝针做挑针缝合。衣领挑取指定数量的针目，编织扭针的单罗纹针，编织终点做单罗纹针收针。从前开口和衣领挑针，用编织花样 B 编织领结。钩引拔针将衣袖接合于身片。

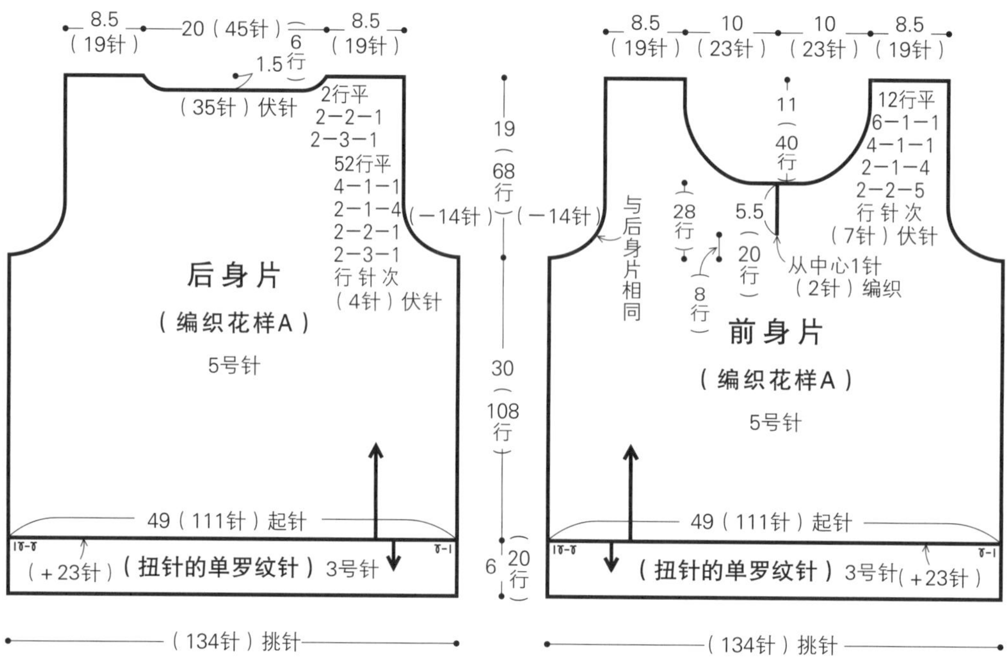

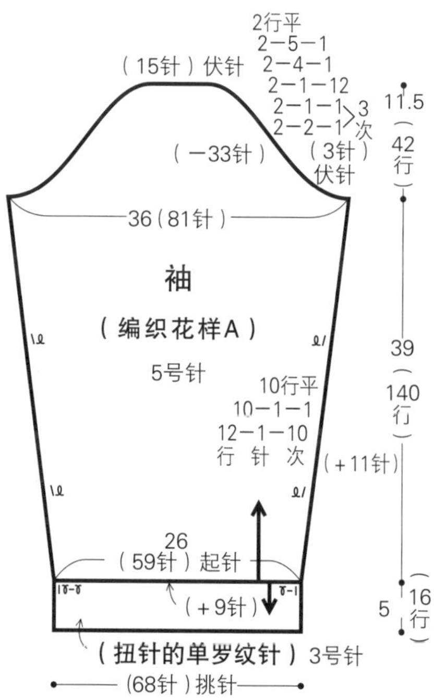

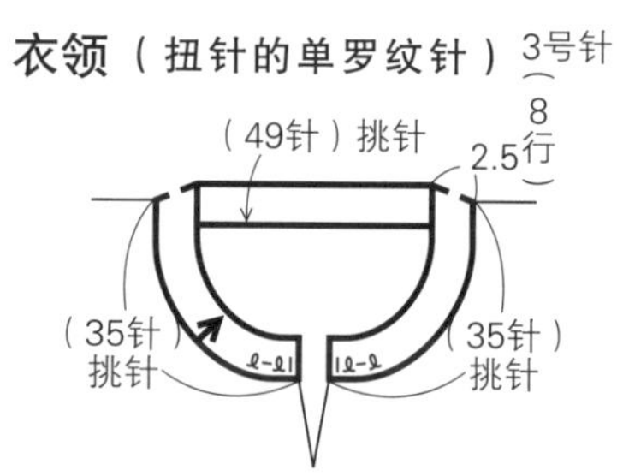

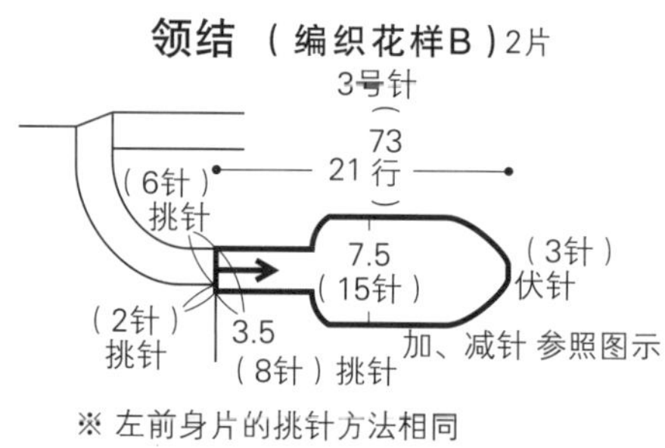

编织花样B

（领结）

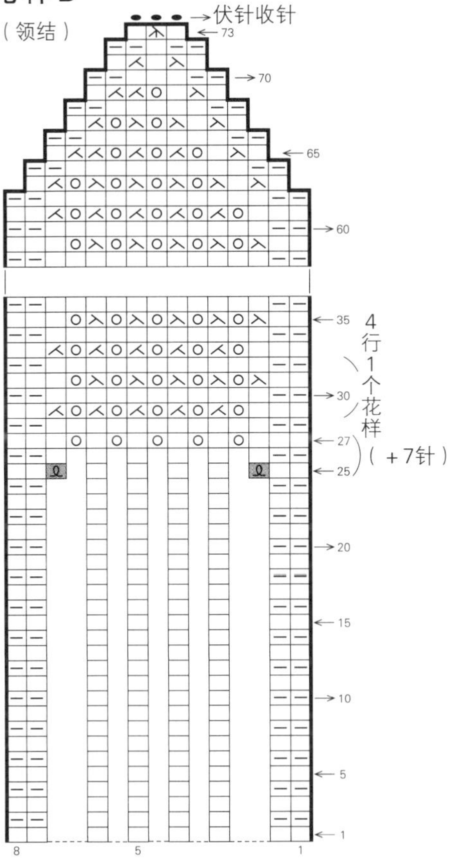

□=□ 下针

▣=扭加针

扭针的单罗纹针

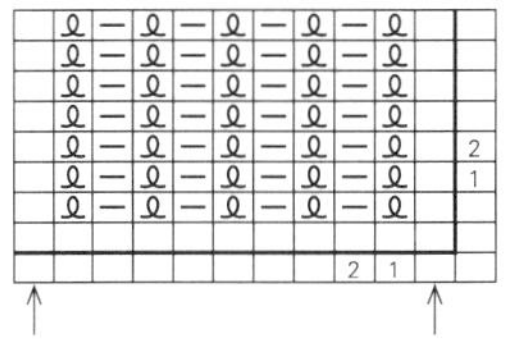

□=□ 下针

编织花样A

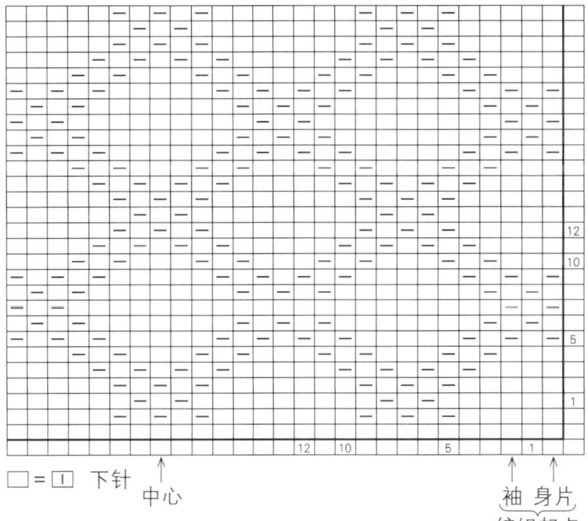

□=□ 下针

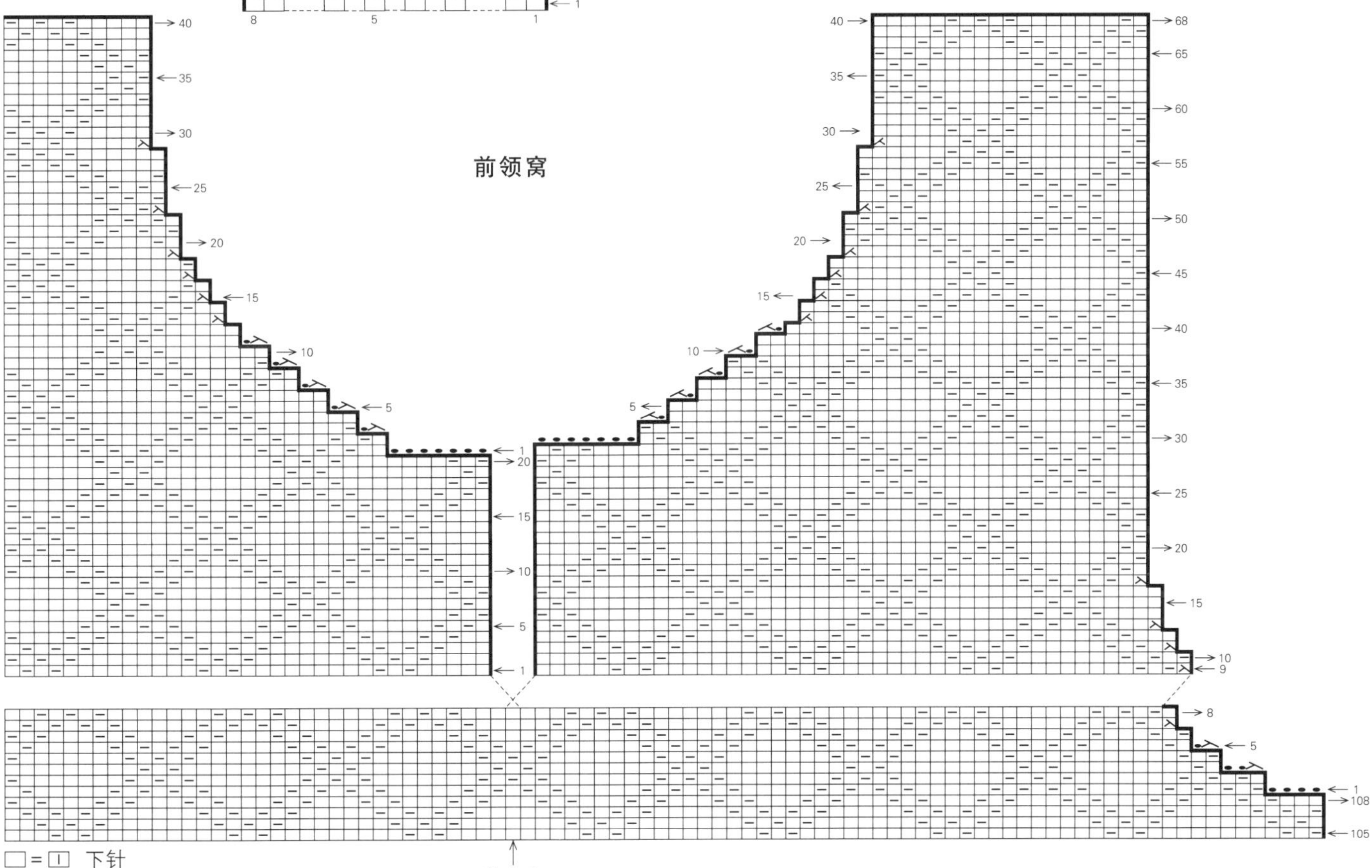

□=□ 下针

16

19页

●材料 Ski Polwarth Plus Hand Dye（粗）绿色系（7105）290g/9团

●工具 棒针8号、6号

●成品尺寸 胸围98cm，衣长55.5cm（后身片）、51.5cm（前身片），连肩袖长27.5cm

●编织密度 10cm×10cm面积内：编织花样23针，29行

●编织要点 身片另线锁针起针，按照图示做编织花样，不加、减针。袖开口止位做个记号。领窝减针时，2针及以上时做伏针减针，1针时立起侧边1针减针。落肩袖做留针的往返编织。下摆解开另线锁针挑针，编织双罗纹针，做双罗纹针收针。注意，前、后身片的行数不同。肩部做盖针接合，胁部使用毛线缝针挑针缝合至开衩止位。衣领和袖口环形挑针，编织双罗纹针，做双罗纹针收针。

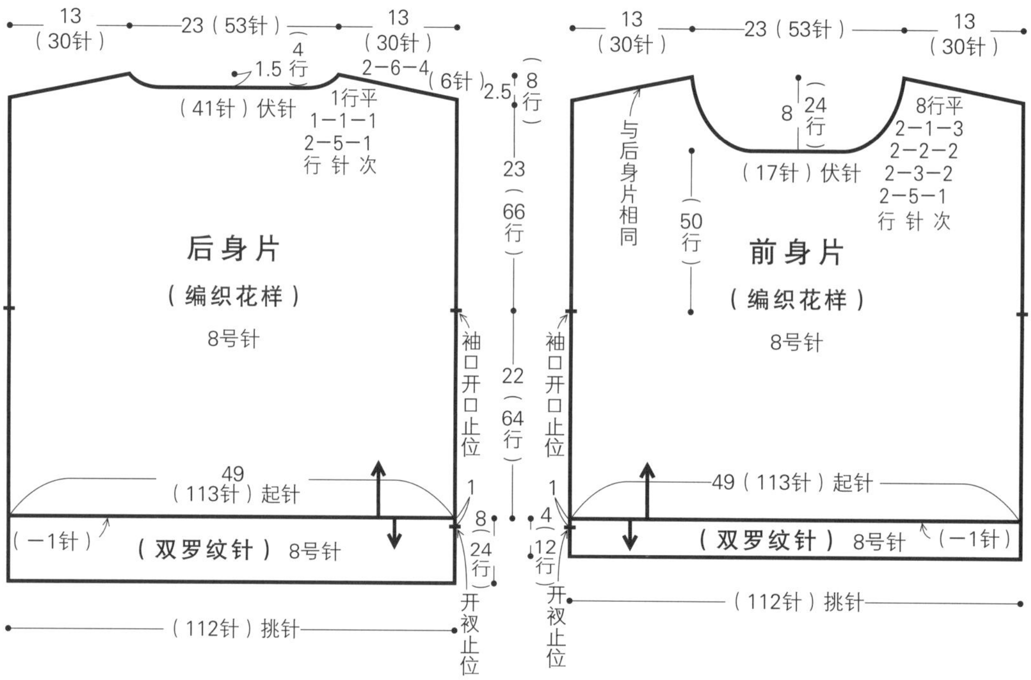

衣领、袖口（双罗纹针） 6号针

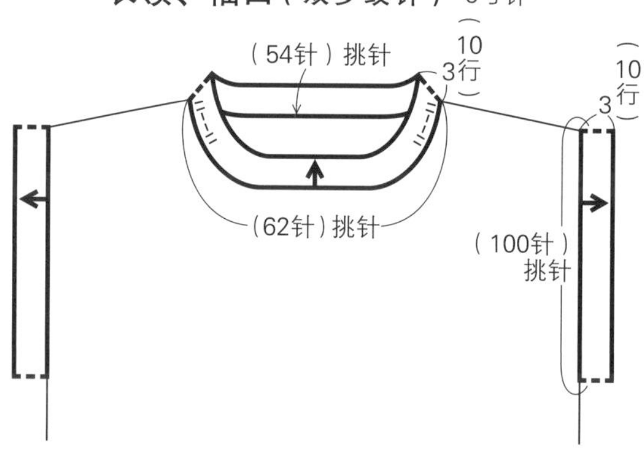

双罗纹针

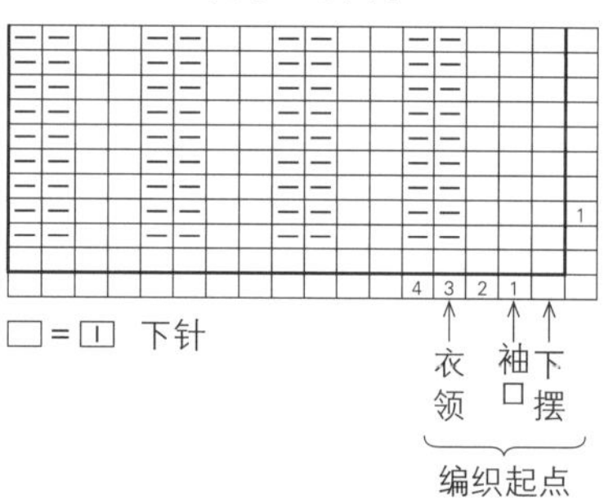

编织花样

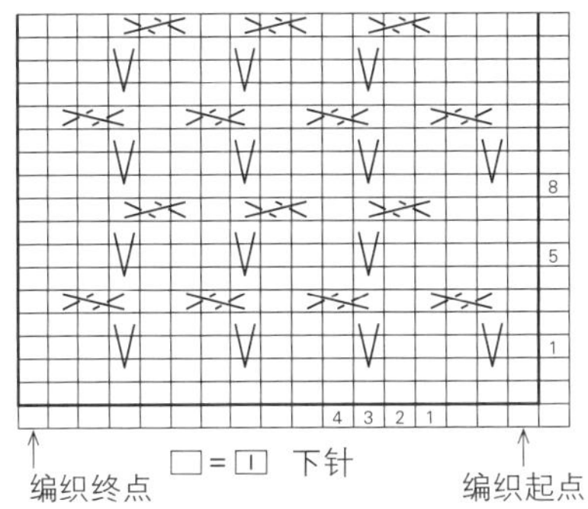

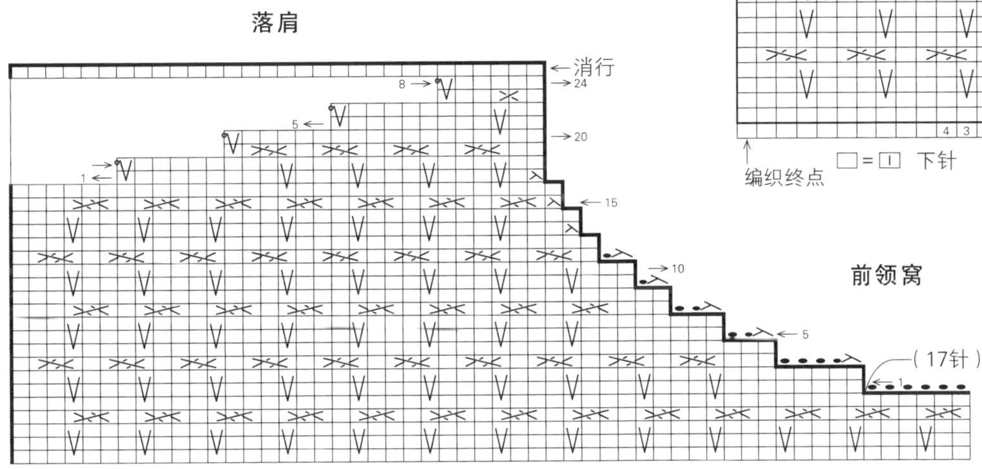

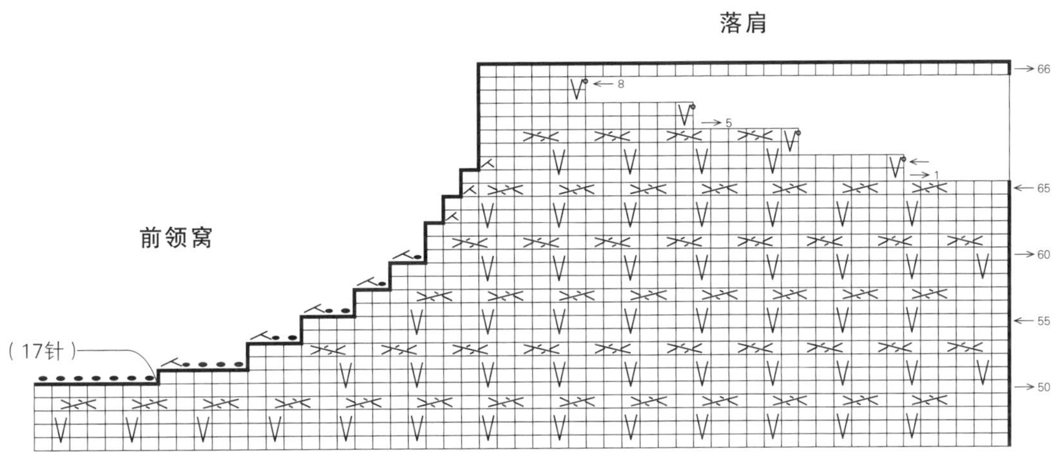

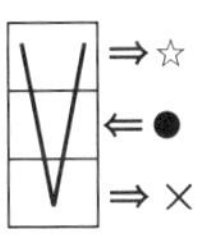

滑针（2行的情况）

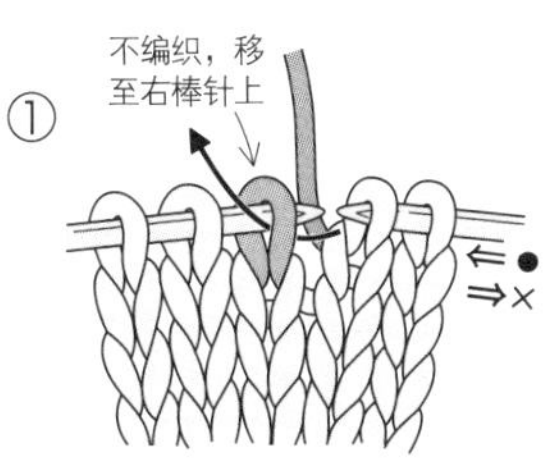

将线放在织片后面，左棒针上的针目不改变方向直接移至右棒针上。

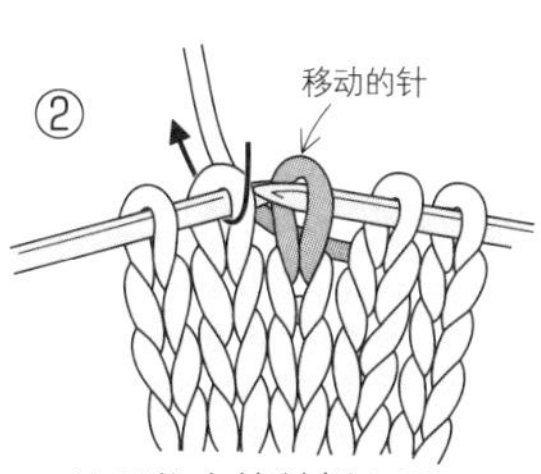

然后将右棒针插入下一个针目编织。

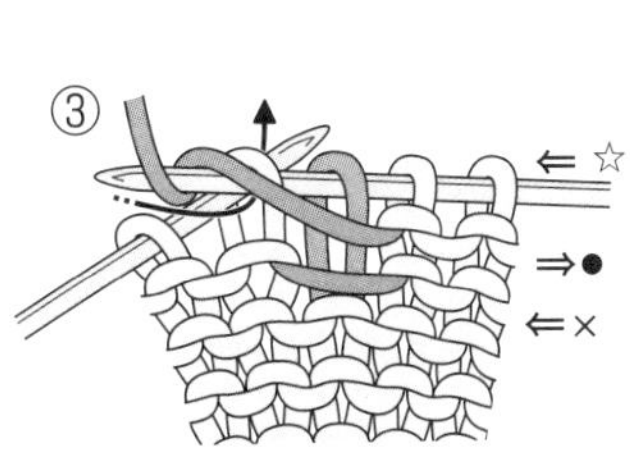

下一行（从反面编织的行）将线放在织片前面，滑针不改变方向直接移至右棒针上。

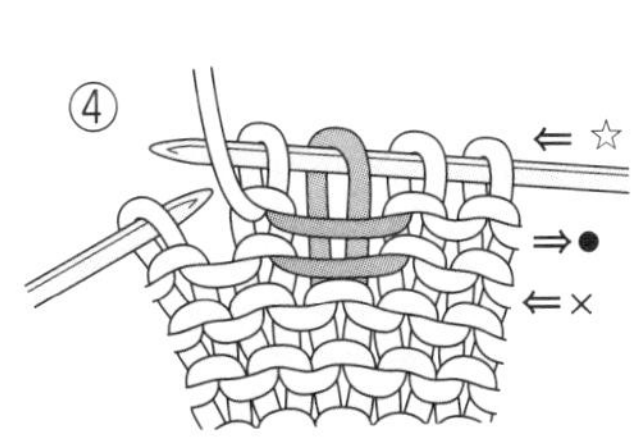

继续编织下一针。2行的滑针完成。

17

20页

●**材料** Ski World Selection Fano（中粗）紫红色系（1110）300g/8团

●**工具** 棒针7号、9号、10号

●**成品尺寸** 胸围100cm，衣长54.5cm，连肩袖长38.5cm

●**编织密度** 10cm×10cm面积内：下针编织19.5针，22行；编织花样21针，29行

●**编织要点** 身片另线锁针起针，按照图示做编织花样和下针编织，改变花样时要同时改变针数和棒针号数。从编织花样变为下针编织时，要从右上7针并1针中编织7针，下一行减6针。从下针编织变为编织花样时，要从右上6针并1针中编织7针以增加针数。编织花样的数量和加、减针的针数不合时，注意不要在身片中心加、减针。袖下编织卷针加针。下摆解开另线锁针挑针，编织双罗纹针，做双罗纹针收针。肩部做盖针接合，衣领环形编织双罗纹针，袖口往返编织双罗纹针，最后做双罗纹针收针。胁部和袖口侧边使用毛线缝针做挑针缝合。

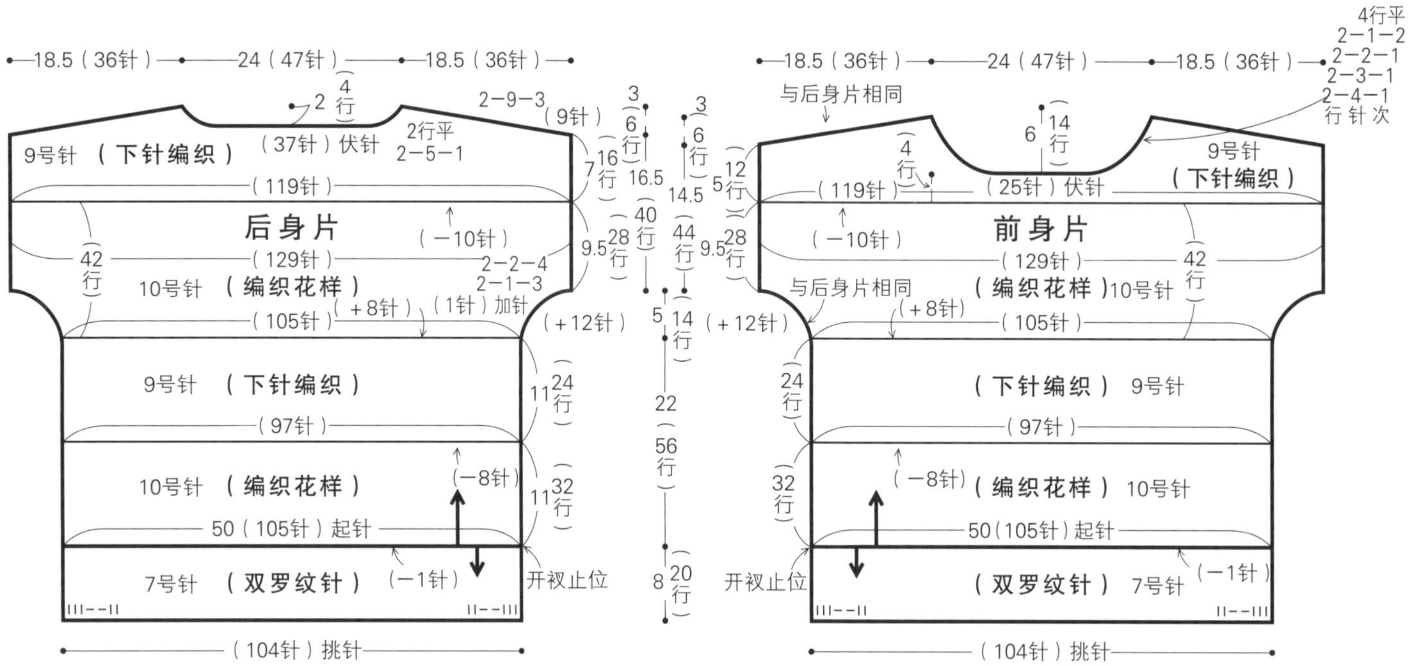

衣领、袖口

（双罗纹针）

7号针

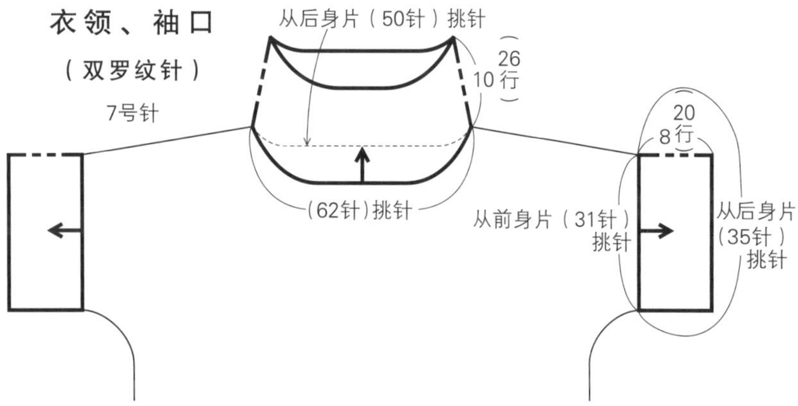

袖下加针的方法

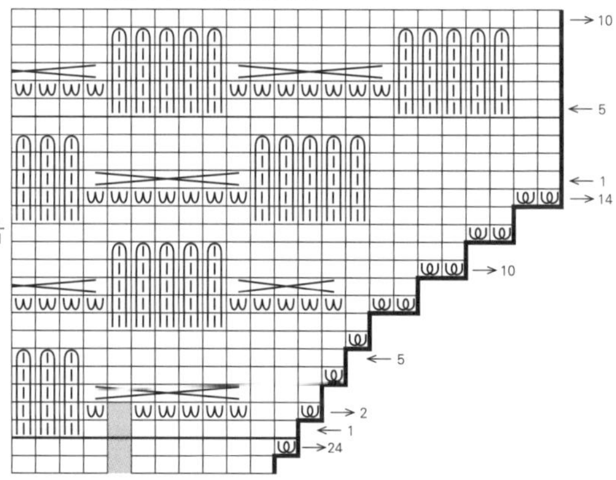

▒=无针目处

从下针编织做编织花样的加针方法

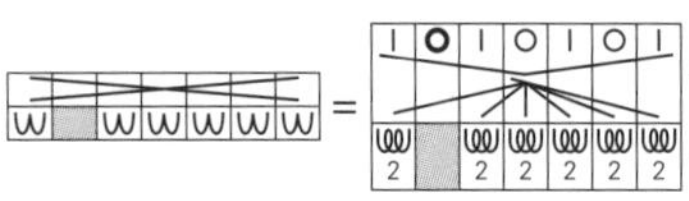

▒=无针目处

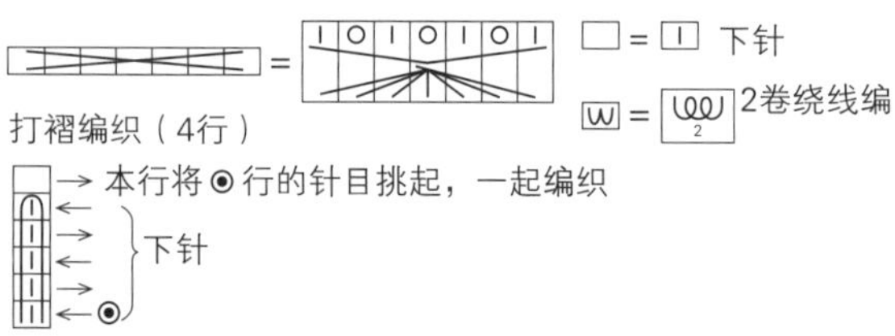

18

21 页

● **材料**　Ski Fuwarl（中粗）绿色（2216）240g/8 团，灰色（2213）80g/3 团

●**工具**　棒针 8 号、6 号，钩针 6/0 号

●**成品尺寸**　胸围 106cm，衣长 51cm，连肩袖长 67.5cm

●**编织密度**　10cm×10cm 面积内：下针编织 18 针，25.5 行

●**编织要点**　身片手指起针，编织起伏针、起伏针条纹和编织花样 A、B、C、D。袖窿在侧边 1 针内侧编织右加针或左加针。落肩做留针的往返编织。前、后身片的肩部做盖针接合，从衣袖挑针做下针编织、编织花样 D、单罗纹针、下针编织，最后松松地做引拔收针。衣领环形挑针，编织单罗纹针、下针编织，松松地做引拔收针。胁部和袖下使用毛线缝针做挑针缝合。

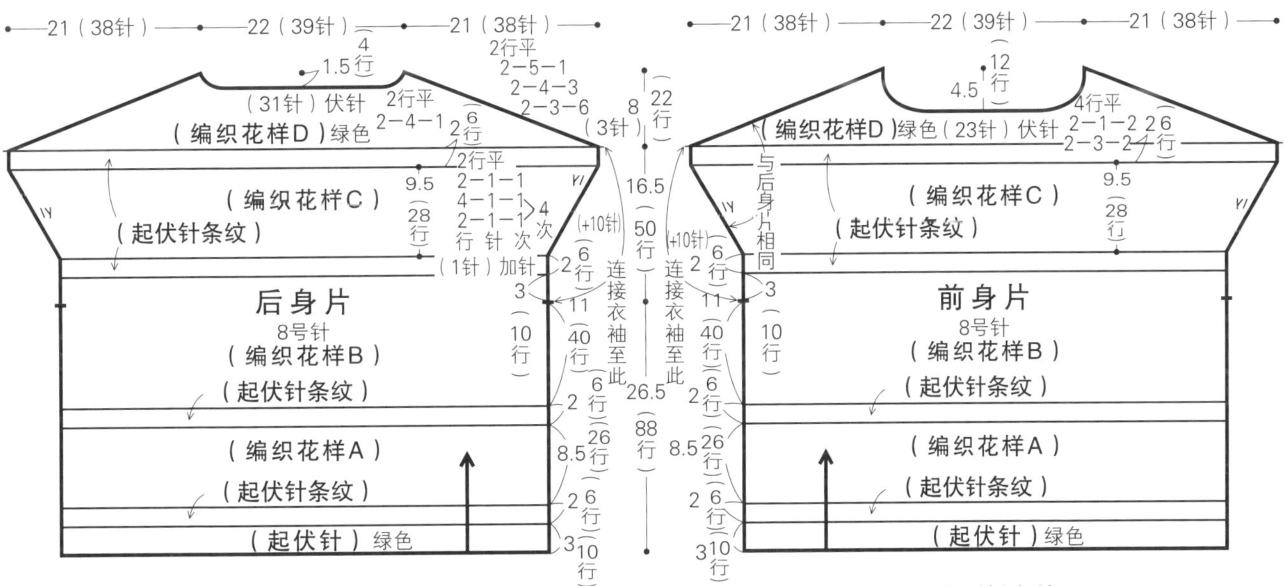

编织花样

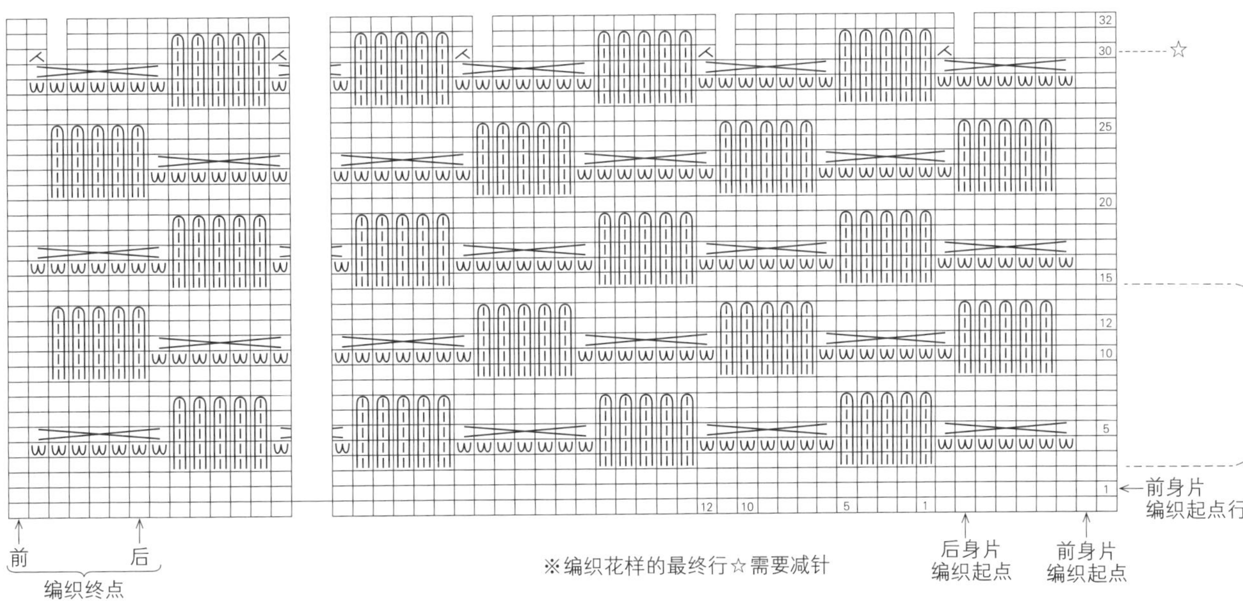

※编织花样的最终行☆需要减针

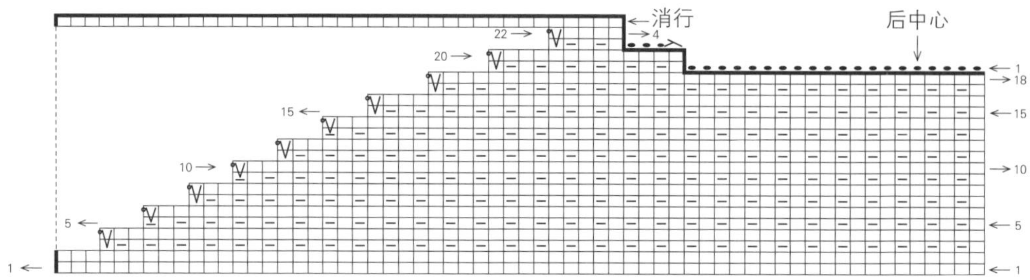

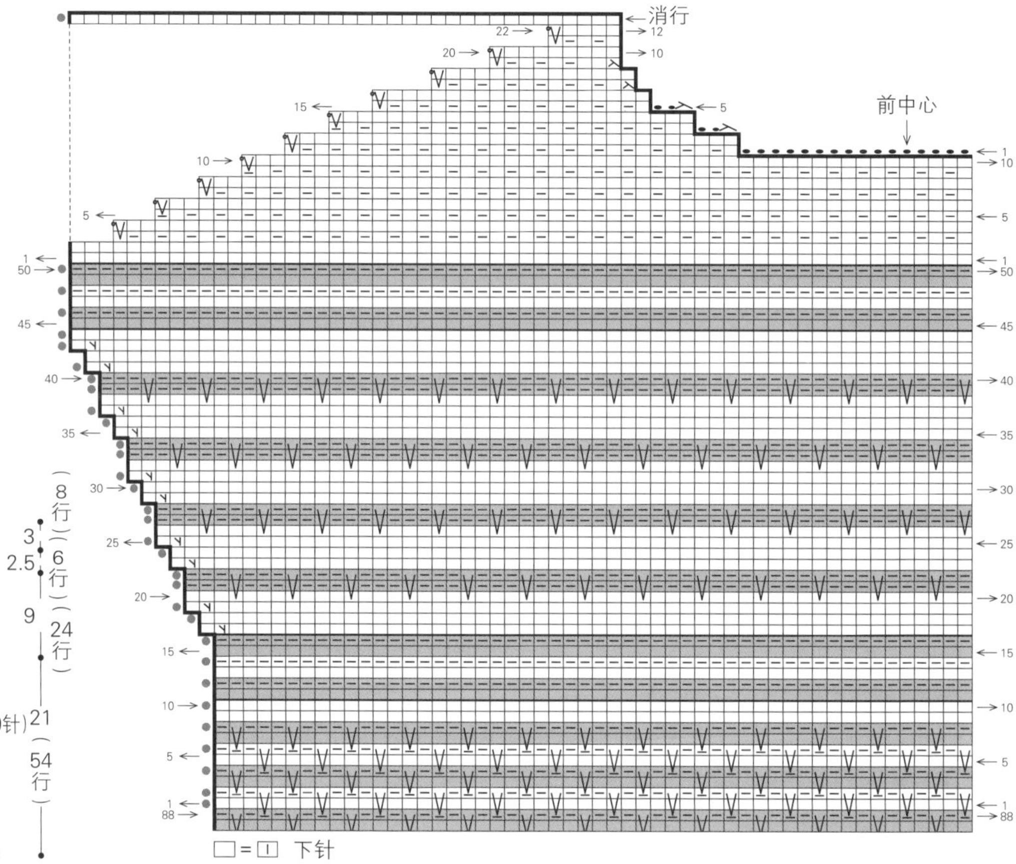

□ = ▯ 下针

● = 衣袖挑针位置

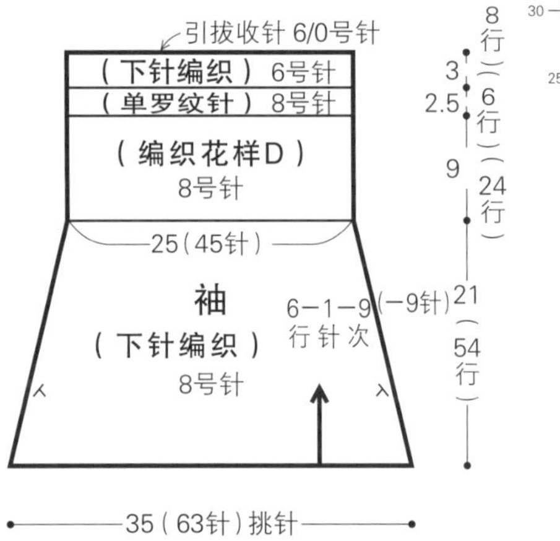

※ 衣袖全部用绿色线编织

配色	
□	绿色
▒	灰色

单罗纹针、下针编织 （袖口）

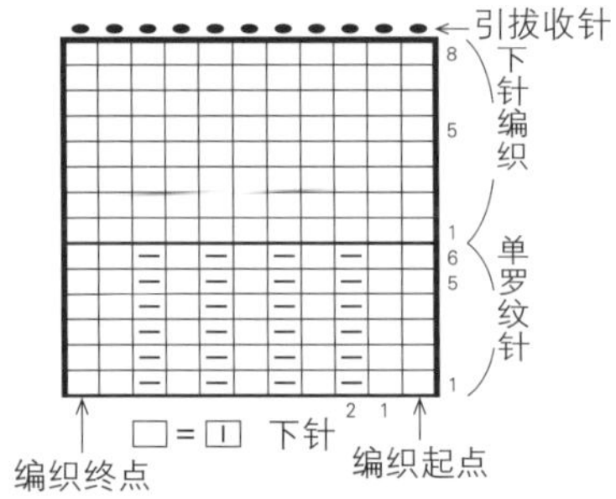

□ = ▯ 下针

起伏针

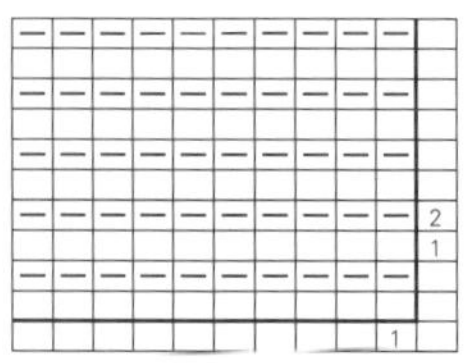

□ = ▯ 下针

起伏针条纹

□ = ▯ 下针

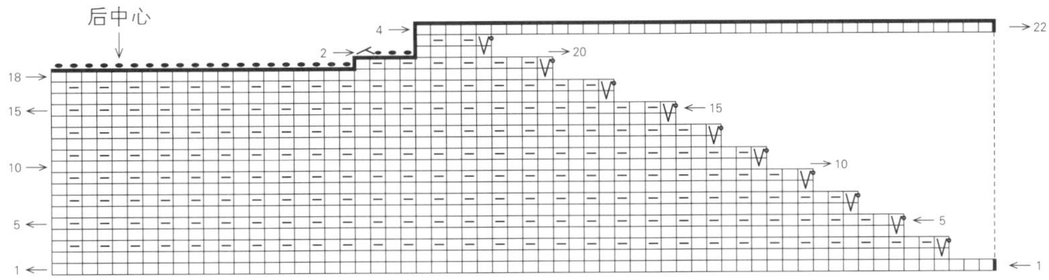

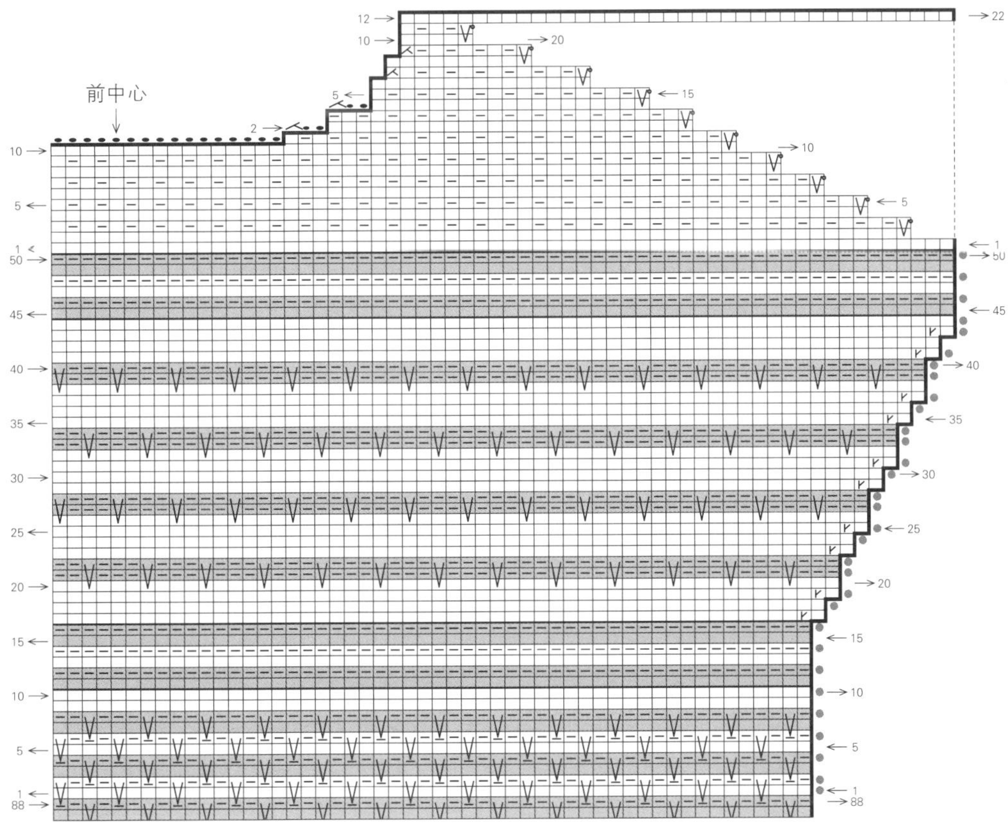

□ = □ 下针

● = 衣袖挑针位置

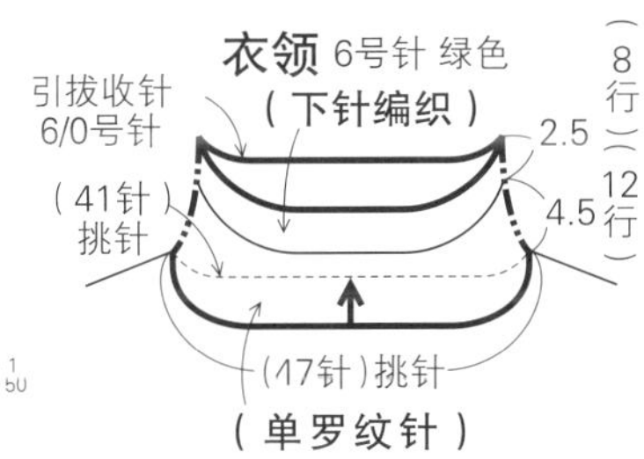

单罗纹针、下针编织（衣领）

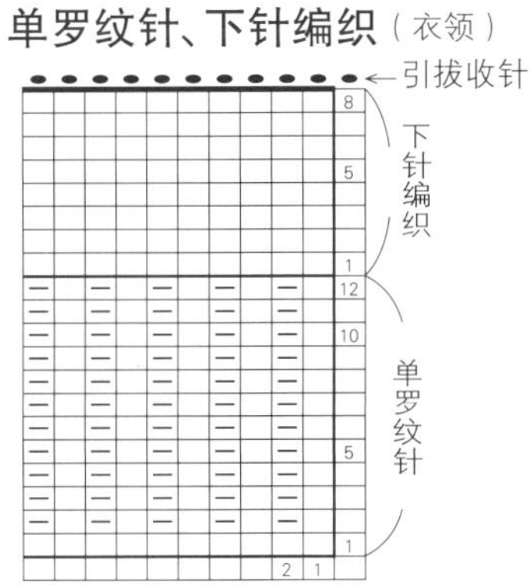

□ = □ 下针

编织花样 A

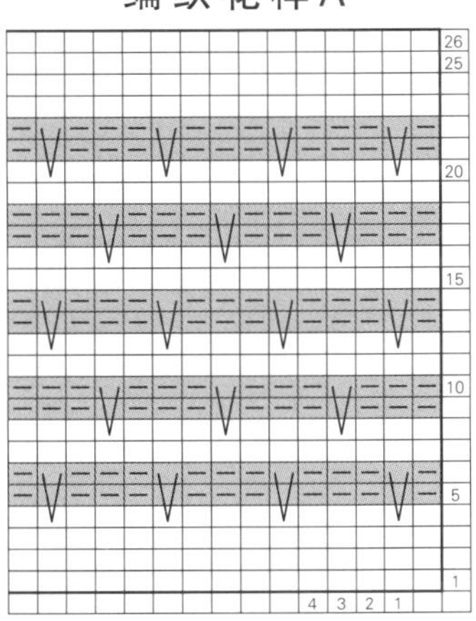

□ = □ 下针

编织花样 B

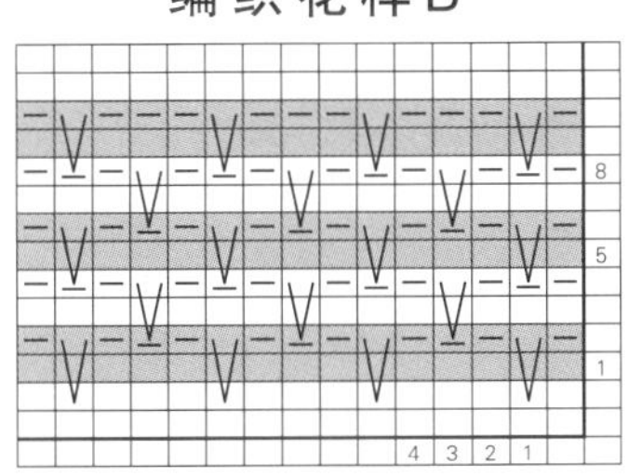

□ = □ 下针

编织花样 C

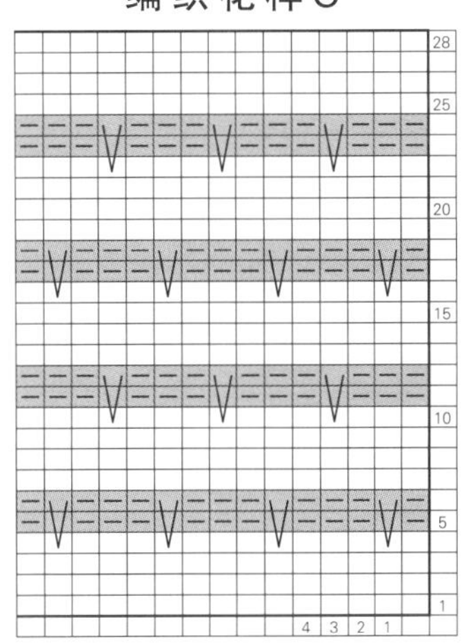

□ = □ 下针

●滑针的编织方法
请参照第 79 页

编织花样 D

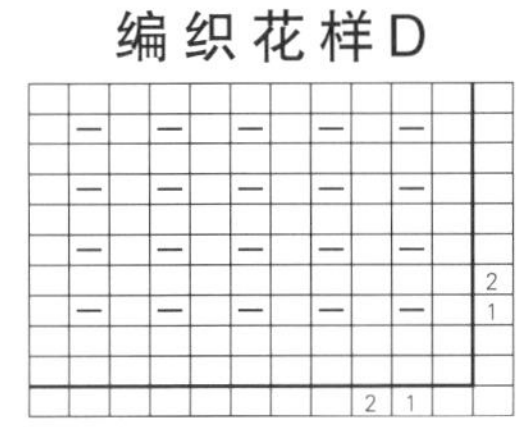

□ = □ 下针

19

22 页

●材料 Ski Bone（极粗）灰色系（2521）120g/3 团

●工具 钩针 9/0 号

●成品尺寸 头围 50cm，帽深 31cm

●编织密度 10cm × 10cm 面积内：编织花样 A、B 均为 12.4 针，7 行

●编织要点 环形钩织锁针起针，挑取锁针的里山沿着相同的方向做编织花样 A，然后做编织花样 B。帽顶按照图示分散减针，最后在最终行穿线并收紧。

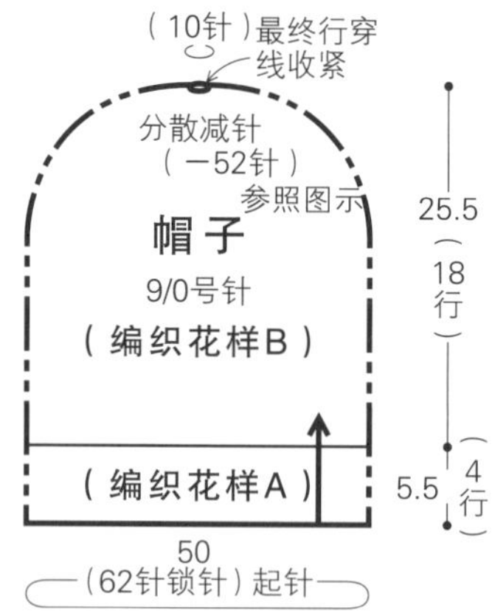

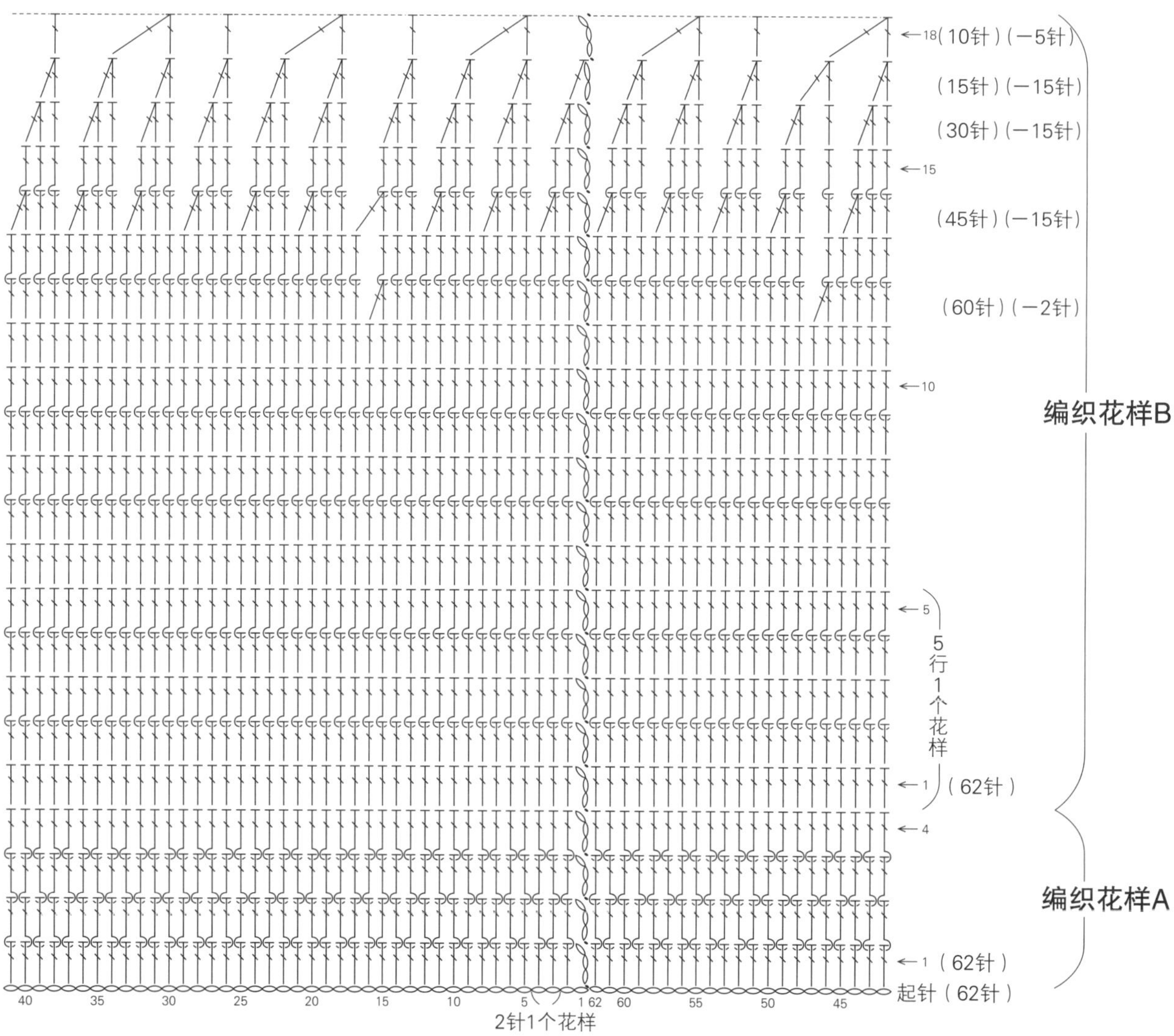

20

22 页

●**材料**　Ski Bone（极粗）灰色系（2521）120g/3 团

●**工具**　钩针 9/0 号

●**成品尺寸**　宽 13cm，长 117cm

●**编织密度**　10cm×10cm 面积内：编织花样 A 13 针，7 行；编织花样 C 13 针，6.4 行

●**编织要点**　锁针起针，挑起锁针的里山做编织花样 A、C、A。拉针要充分拉长，不要让针目拥挤。

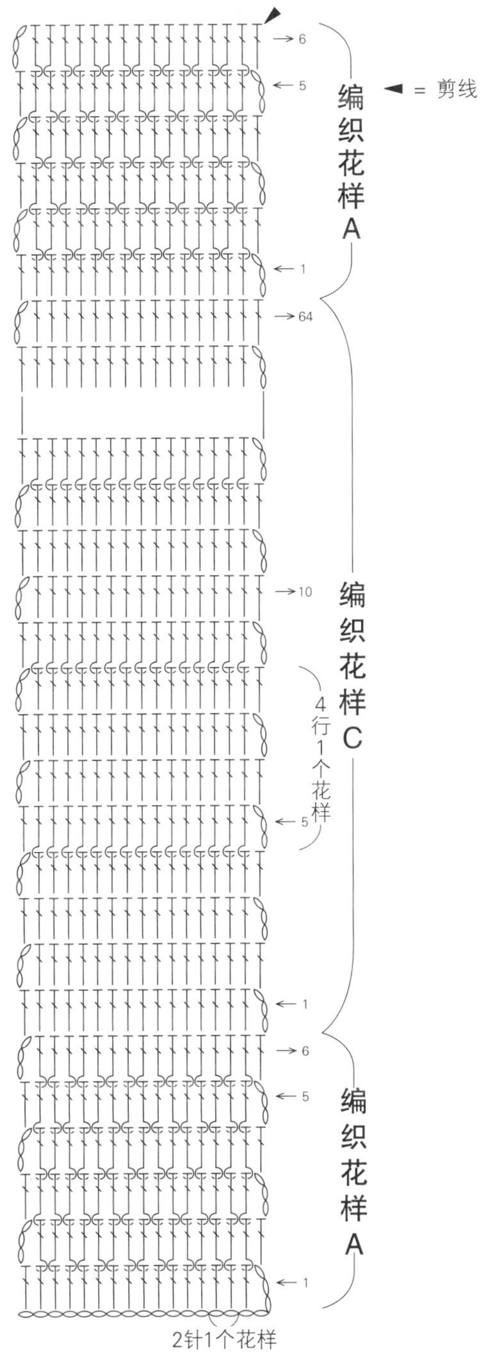

●**长针的正拉针、反拉针的钩织方法请参照第 102 页**

25

25 页

●**材料** Ski Luno（粗）浅褐色（7203）340g/12团

●**工具** 棒针6号、4号

●**成品尺寸** 胸围110cm，衣长52.5cm，连肩袖长约70cm

●**编织密度** 10cm×10cm面积内：下针编织19.5针，27行；编织花样A 27针，27行；编织花样B 20针，27行

●**编织要点** 后身片手指起针，编织单罗纹针和下针编织。袖窿在侧边的1针内侧编织扭加针，上部做留针的往返编织。前身片的起针方法和后身片相同，编织单罗纹针后，按照图示编织起伏针、编织花样A、下针编织。和后身片对齐时，为了使针数吻合，最终行按照图示减针。前、后身片的肩部做盖针接合，袖从身片挑针，做编织花样B，袖下在端头1针内侧编织减针。袖口平均减针，编织单罗纹针，做伏针收针。胁部和袖下使用毛线缝针做挑针缝合。

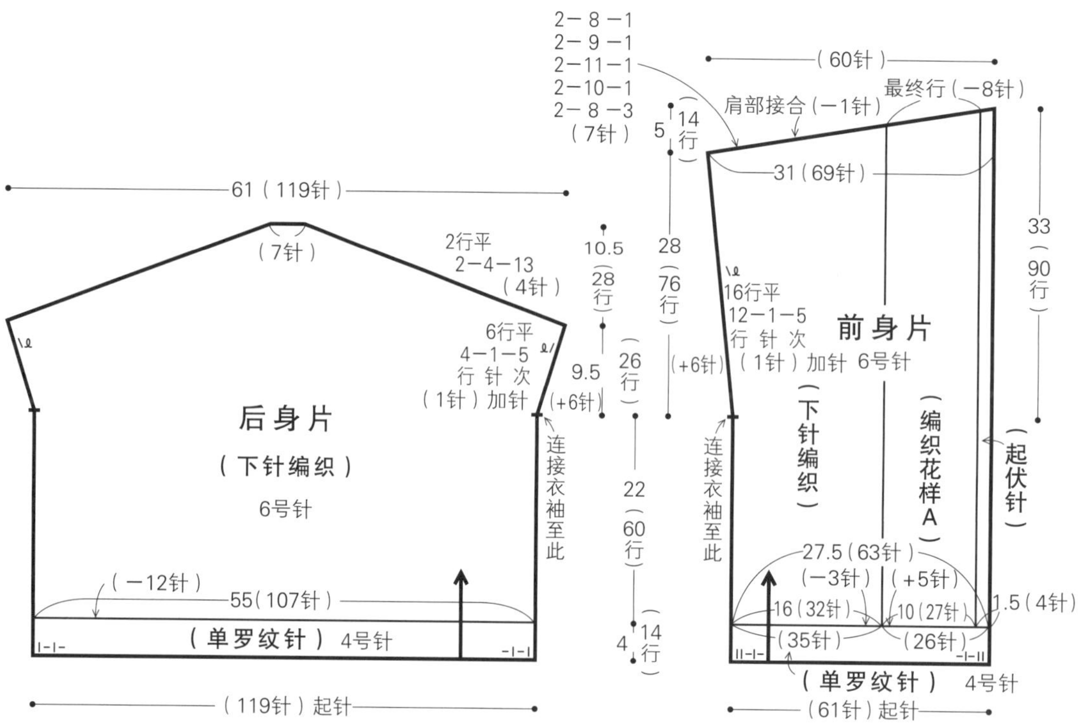

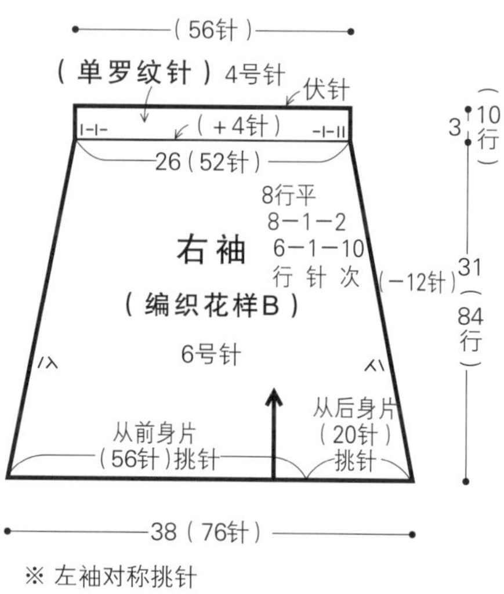

※ 左袖对称挑针

组合方法

起伏针

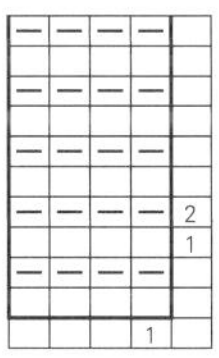

□=⊡ 下针

编织花样B

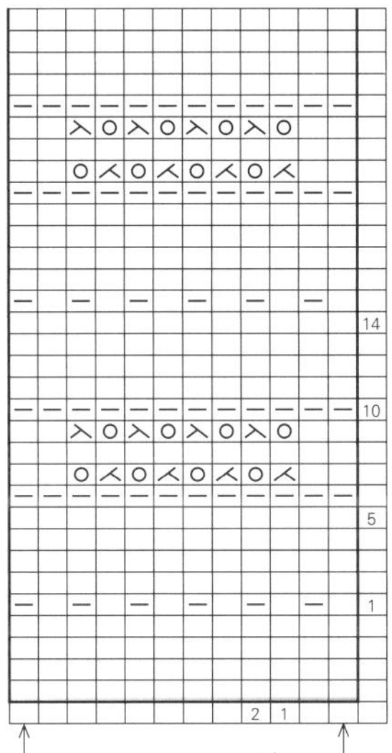

□=⊡ 下针

编织花样A

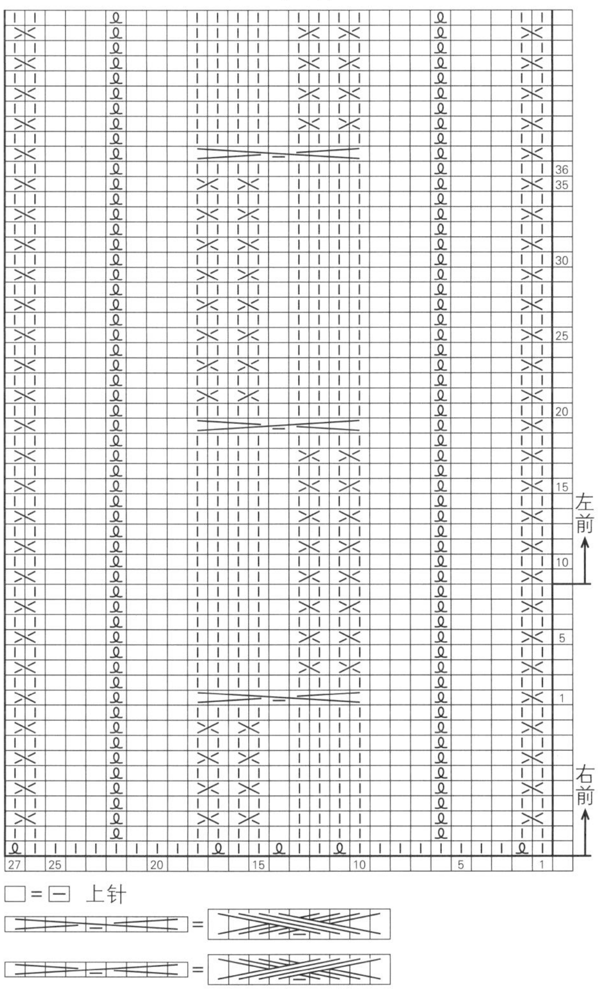

□=⊟ 上针

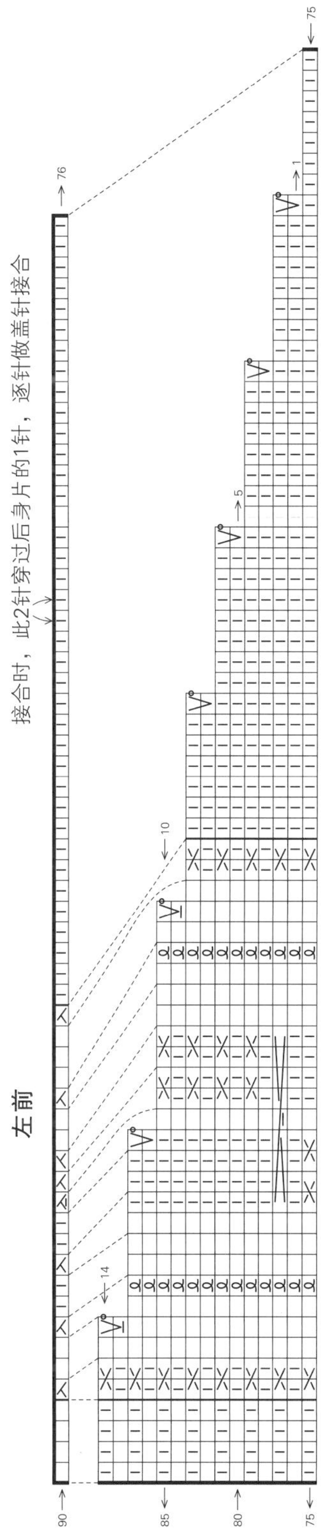

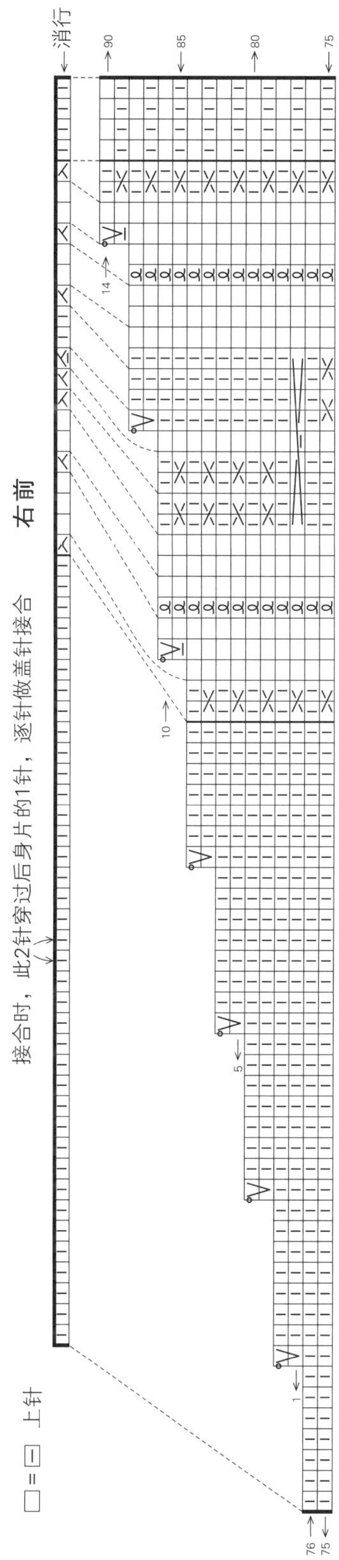

29

29 页

●**材料** Ski World Selection Ruben（中粗）红褐色系（1233）200g/5 团

●**工具** 棒针 6 号、7 号

●**成品尺寸** 胸围 96cm，衣长 51cm，连肩袖长 27cm

●**编织密度** 10cm × 10cm 面积内：编织花样 18 针，26 行

●**编织要点** 身片手指起针，编织双罗纹针。从交界处开始做编织花样，不加、减针，双罗纹针看上去仿佛和编织花样连在一起。领窝减针时，2 针及以上时做伏针减针，1 针时立起侧边 1 针减针。编织花样的挂针和上针的 2 针并 1 针是分开的，需要注意。肩部做盖针接合，衣领环形挑针，编织双罗纹针，最后做伏针收针。袖口往返编织双罗纹针。胁部和袖口端头使用毛线缝针做挑针缝合。

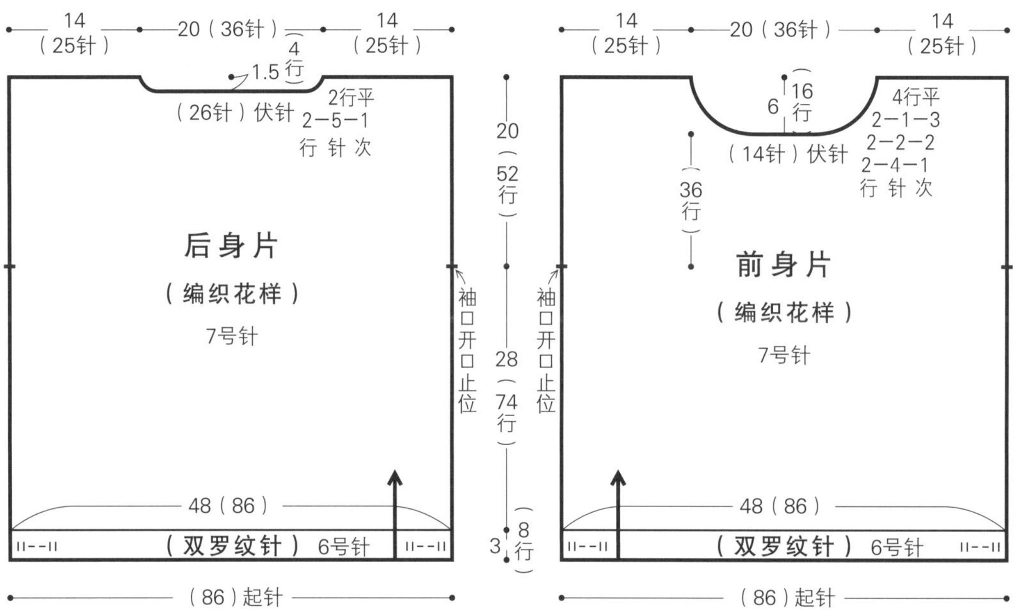

衣领、袖口 （双罗纹针） 6号针

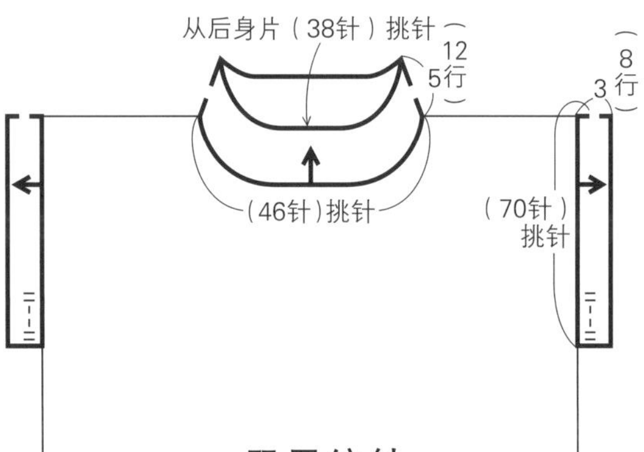

双罗纹针

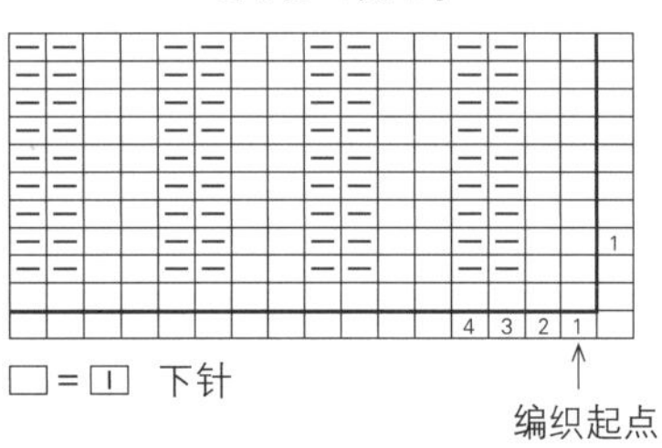

编织花样

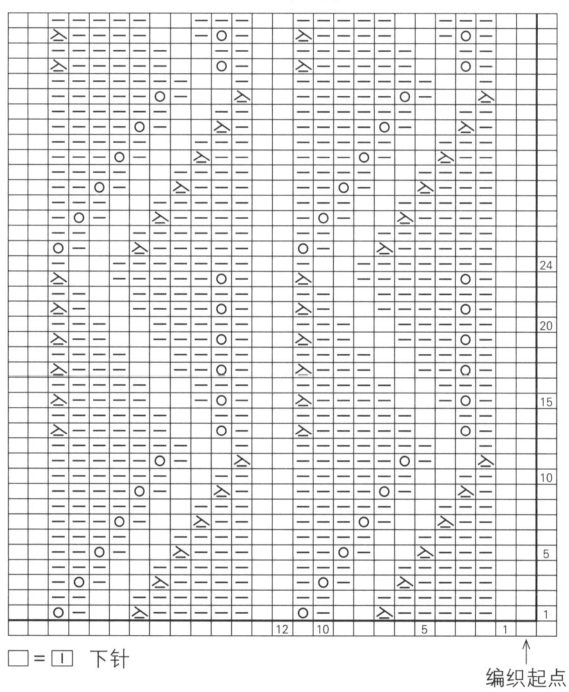

26

26 页

●**材料** Ski Tasmanian Polwarth（粗）浅红色（7005）310g/8 团；直径 2cm 的纽扣 1 颗
●**工具** 钩针 5/0 号
●**成品尺寸** 胸围 106cm，衣长 53cm，连肩袖长约 49cm
●**花片大小** 10cm × 8.6cm

●**编织要点** 全部用连接花片的方法钩织。环形起针，钩织六边形花片。从第 2 片花片开始，一边和相邻花片连接，一边按照图示顺序钩织。前门襟和衣领做边缘编织 A，下摆和袖口做边缘编织 B。

身片 （连接花片）

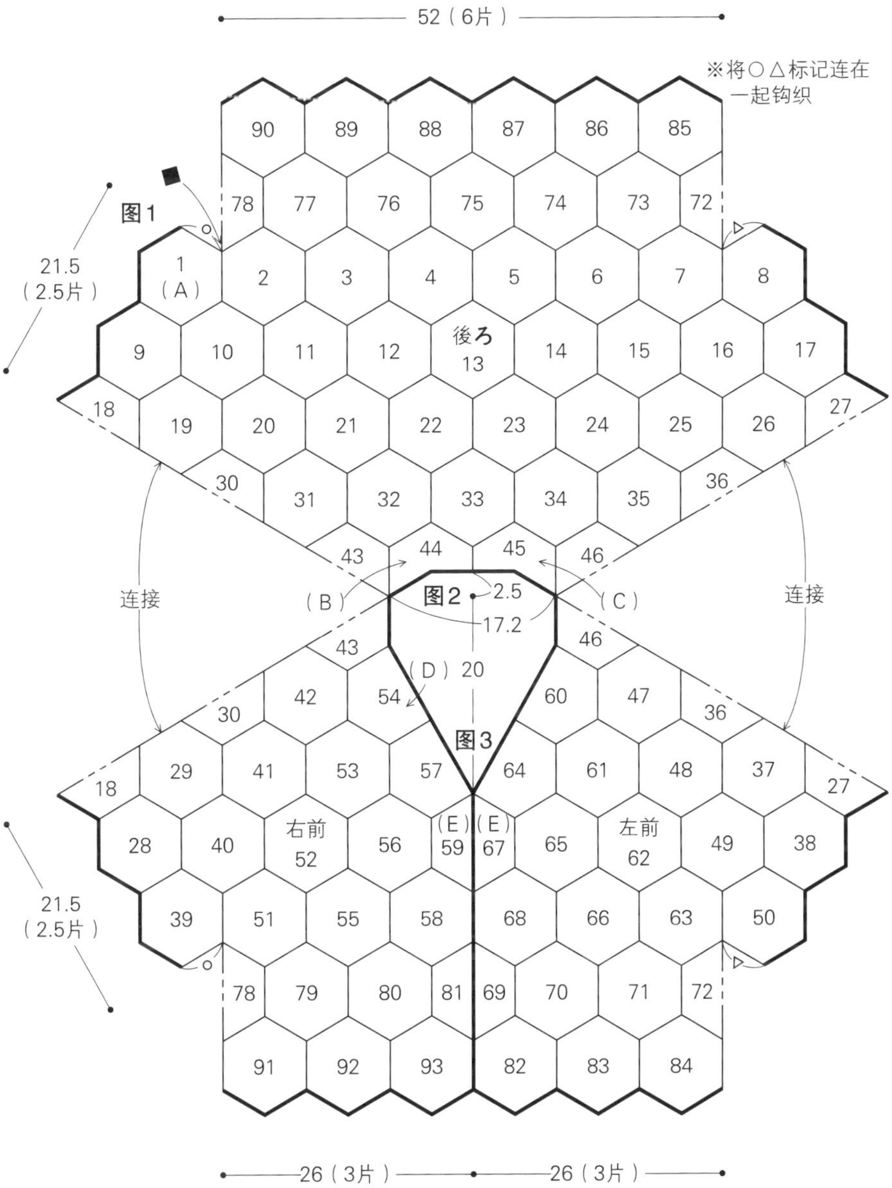

花片的大小

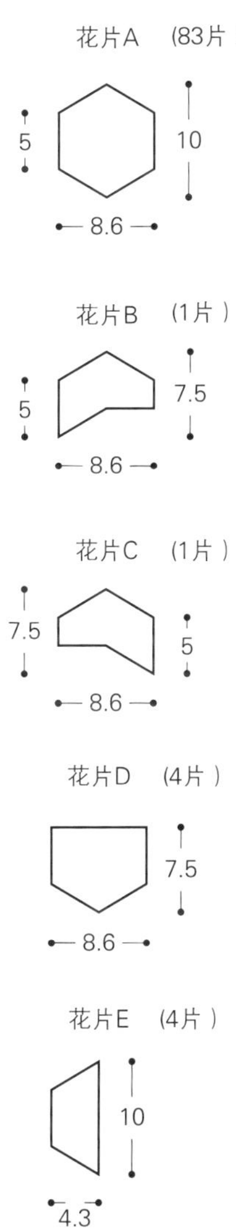

※ 全部用5/0号针钩织
※ 花片内的数字为连接的顺序

3针锁针的引拔狗牙针

①

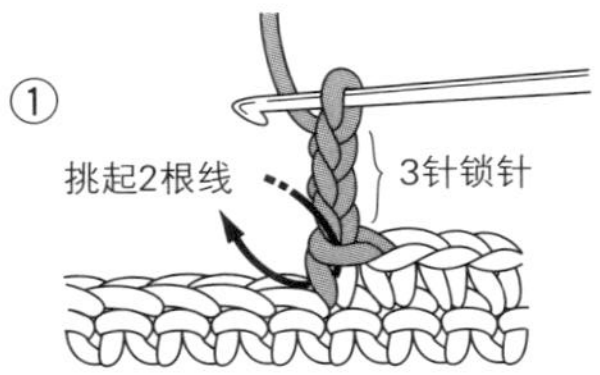

钩织3针锁针，如箭头所示插入钩针。

②

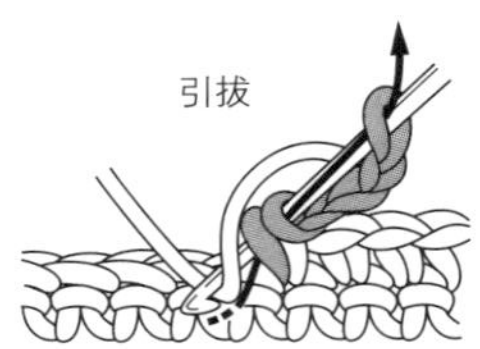

挂线并引拔。

③

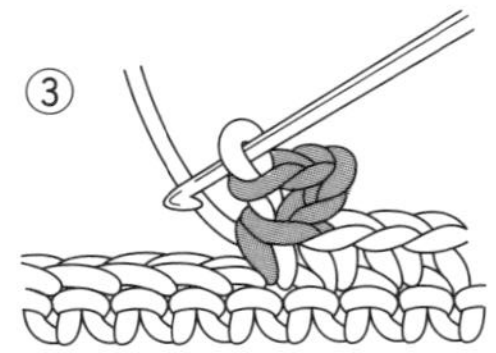

完成。

花片的连接方法

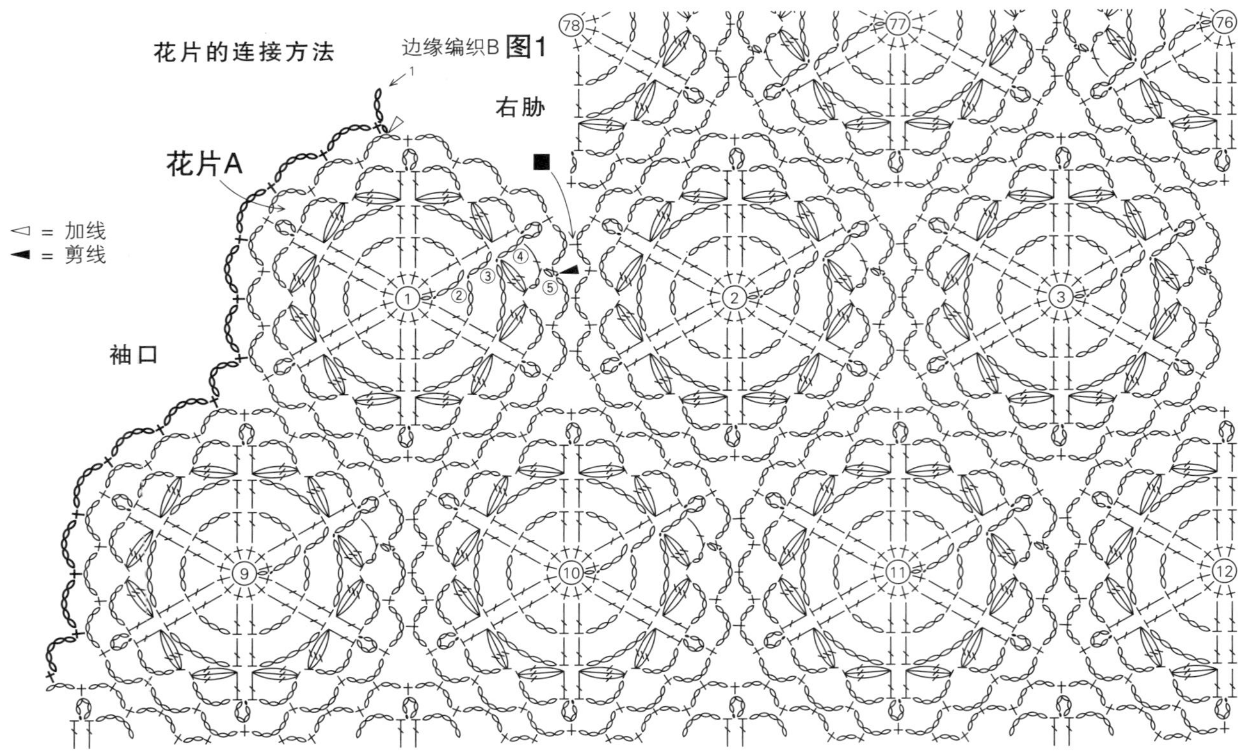

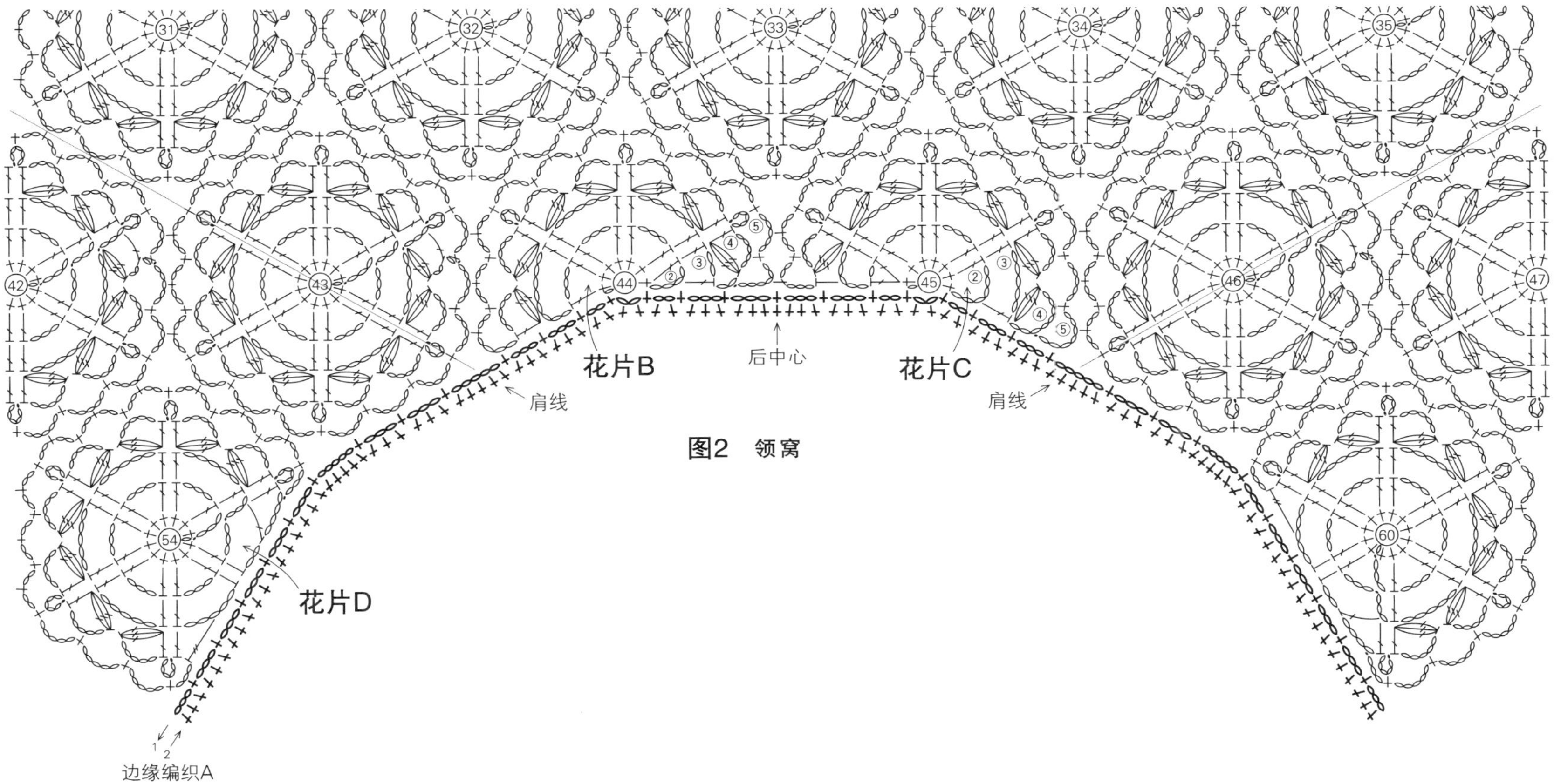

图2 领窝

边缘编织A（前门襟、衣领）

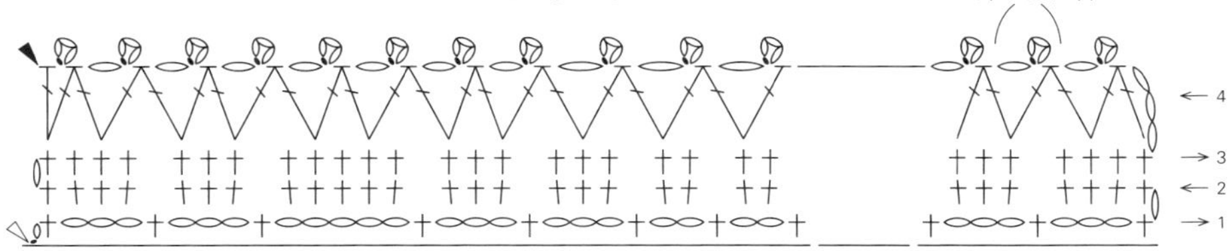

※ 第1行的挑针、锁针针数参照各图

◁ = 加线
◀ = 剪线

边缘编织B（下摆）

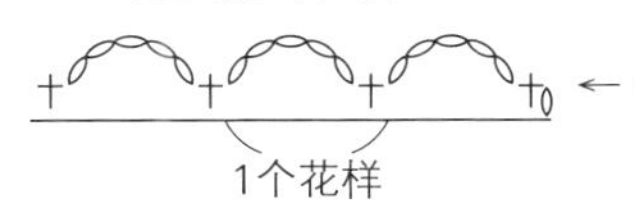

边缘编织B（袖口）

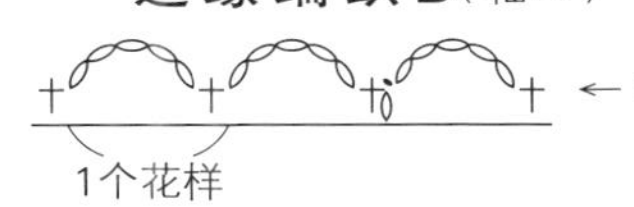

3针长针的枣形针

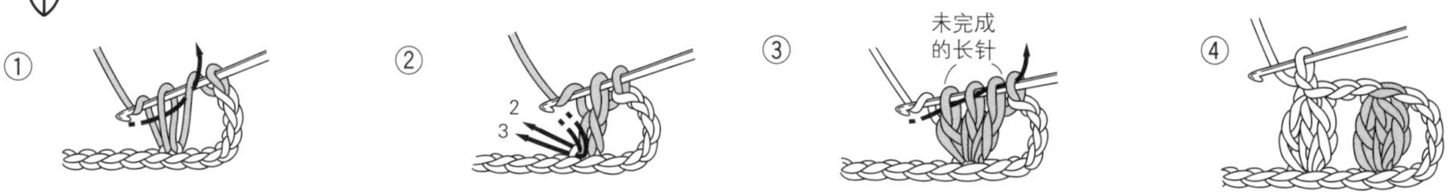

① 从钩针上的2个线圈中引拔出，钩织1针未完成的长针。

② 将钩针插入同一个针目，钩织2针未完成的长针。

③ 挂线，从钩针上的4个线圈中一次性引拔出。

④ 完成。再钩织1针锁针使头部稳定。

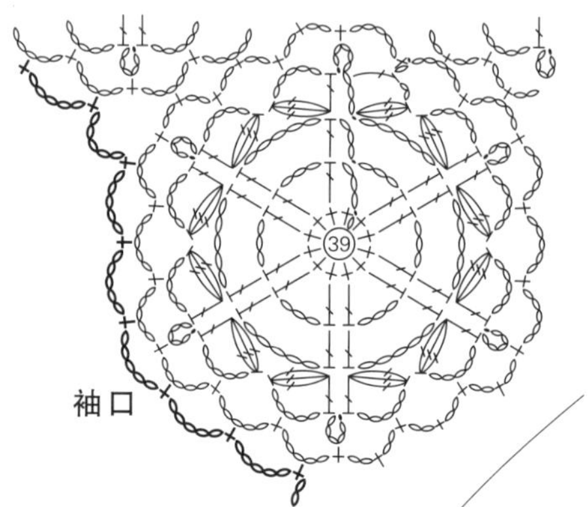

前门襟、衣领（边缘编织A）

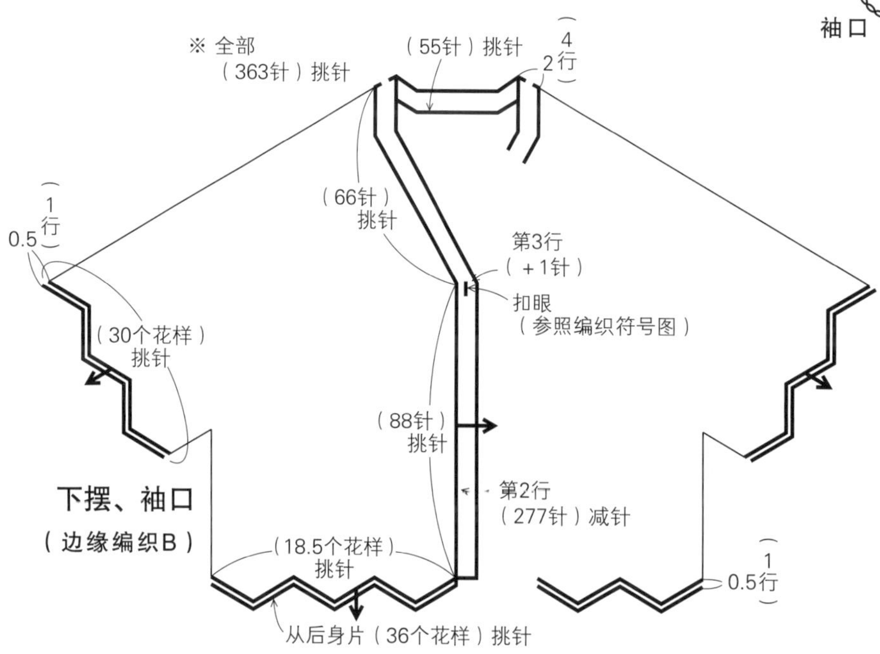

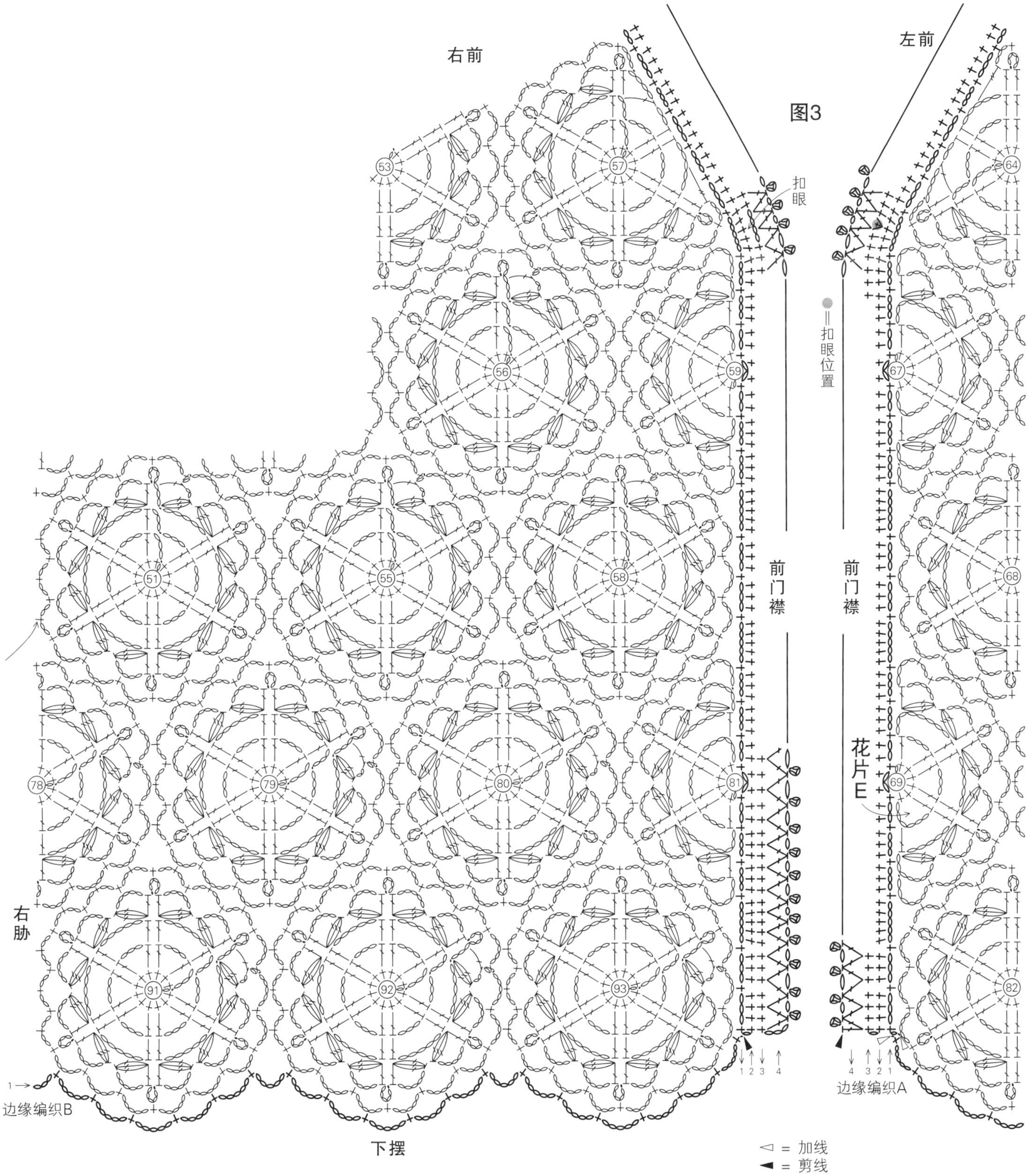

图3
右前
左前
扣眼
●=扣眼位置
前门襟
前门襟
花片E
右胁
边缘编织B
边缘编织A
下摆
53
57
64
56
59
67
51
55
58
68
78
79
80
81
69
91
92
93
82
◁ = 加线
◀ = 剪线

27

27 页

●**材料** Ski 风花（中细）鲑鱼粉色（2014）270g/9 团

●**工具** 钩针 5/0 号

●**成品尺寸** 胸围 98cm，衣长 54cm，连肩袖长 28cm

●**编织密度** 10cm×10cm 面积内：编织花样 A 31 针，12 行

●**编织要点** 锁针起针，挑起锁针的里山做编织花样 A、B。后身片和前身片的花样左右对称。斜肩参照图 1 钩织，前领窝参照图 2 钩织。前、后身片的肩部针与针对齐钩织引拔针和锁针接合，胁部行与行对齐钩织引拔针和锁针接合。衣领、袖口、下摆分别环形钩织边缘编织。

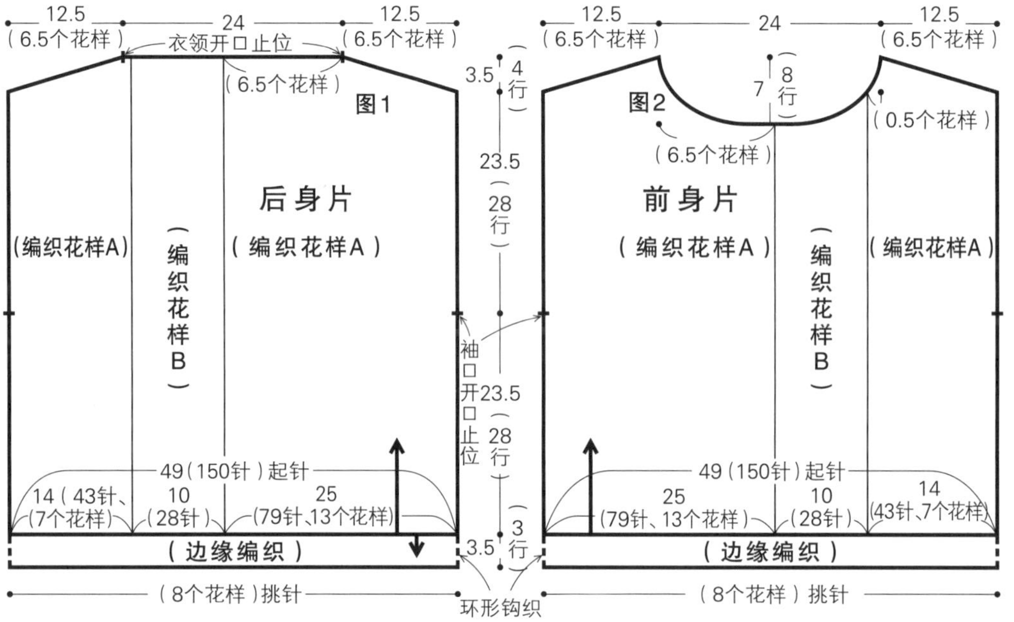

※ 全部用5/0号针钩织

衣领、袖口（边缘编织）

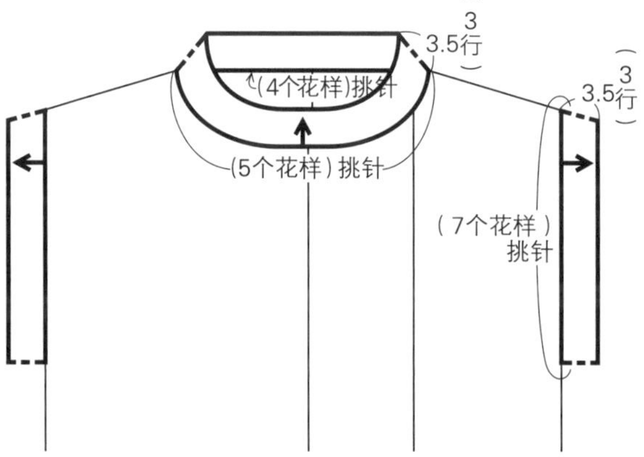

边缘编织

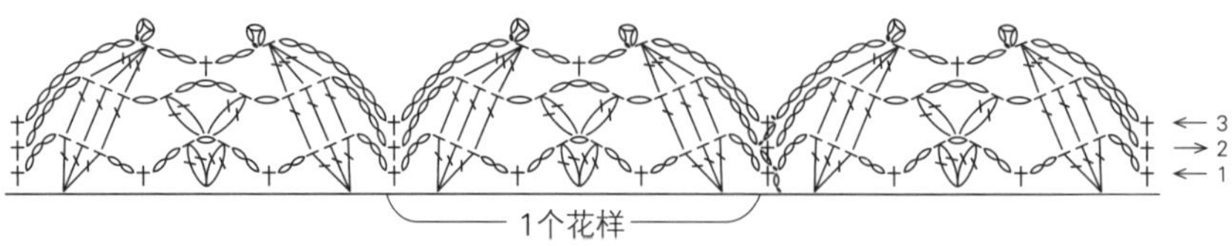

编织花样B

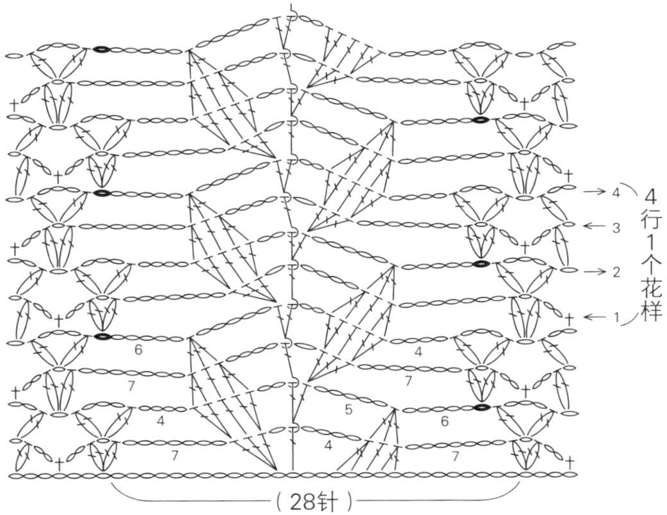

编织花样A

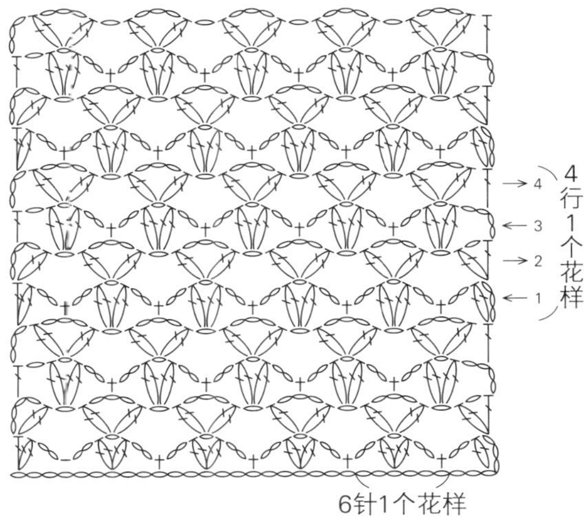

⬭ = 分开针目挑针

前身片（下摆）

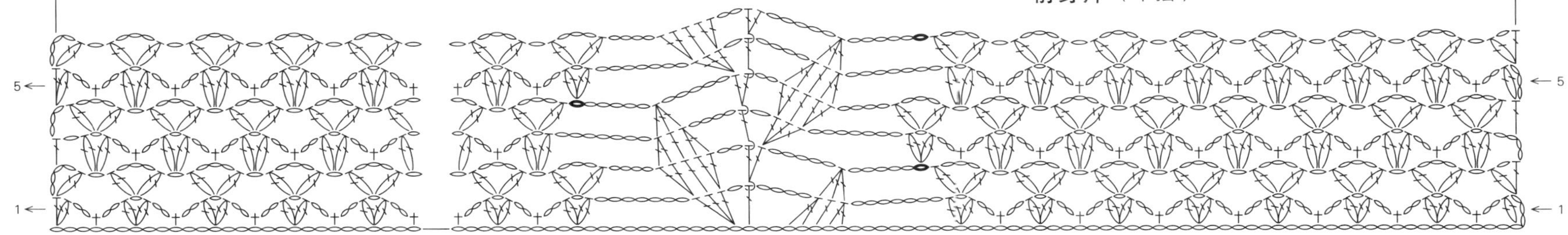

后身片（下摆）

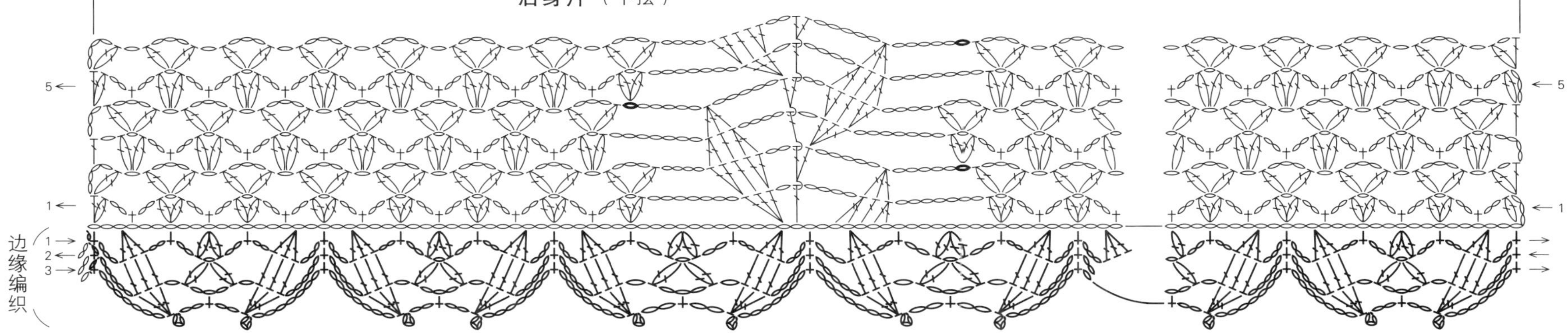

斜肩

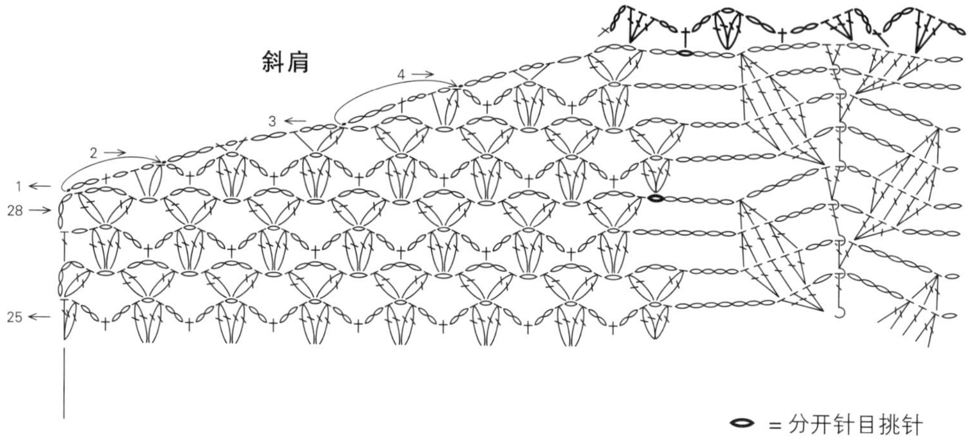

⬭ = 分开针目挑针

边缘编织

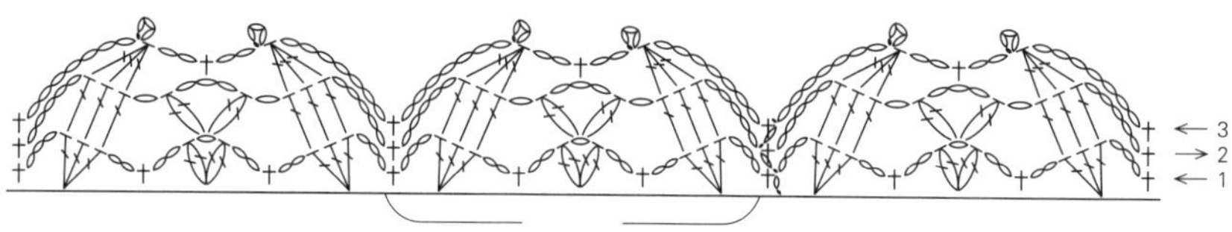

前领窝

图2

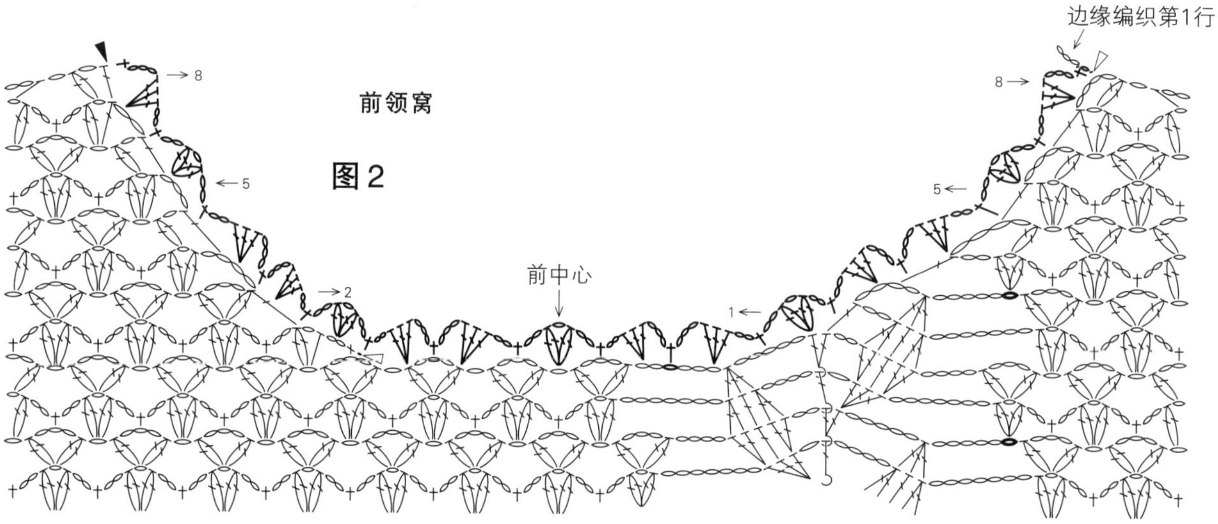

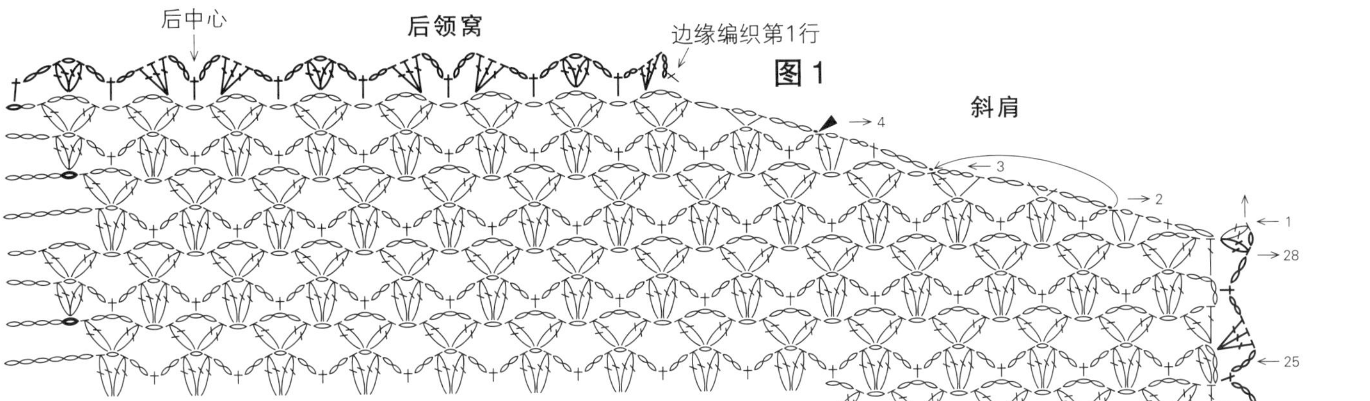

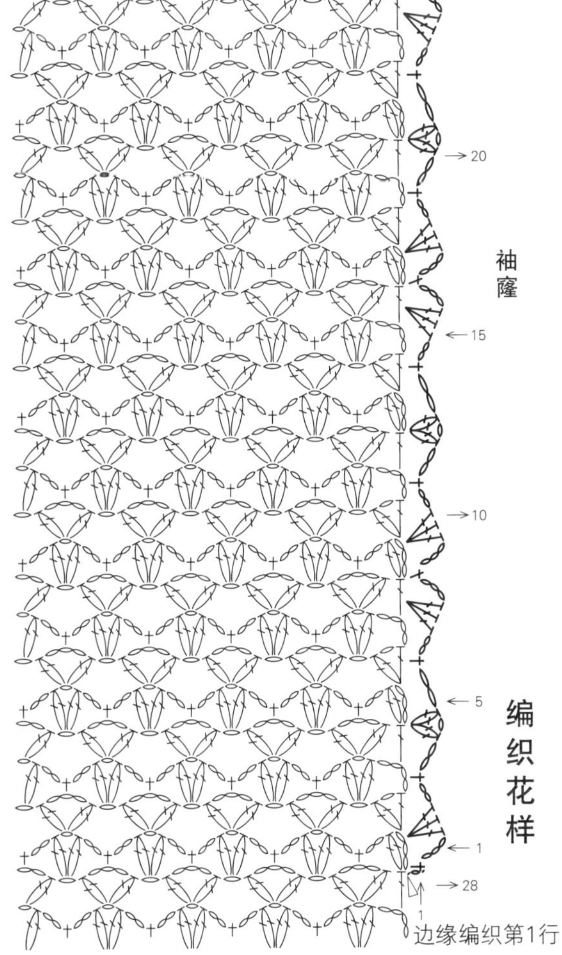

渡线钩织的方法

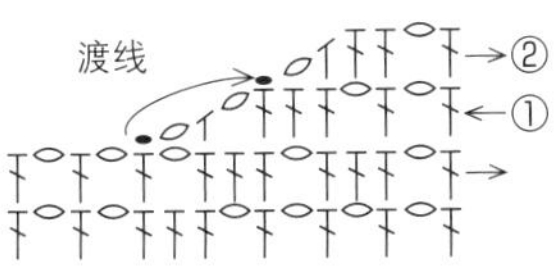

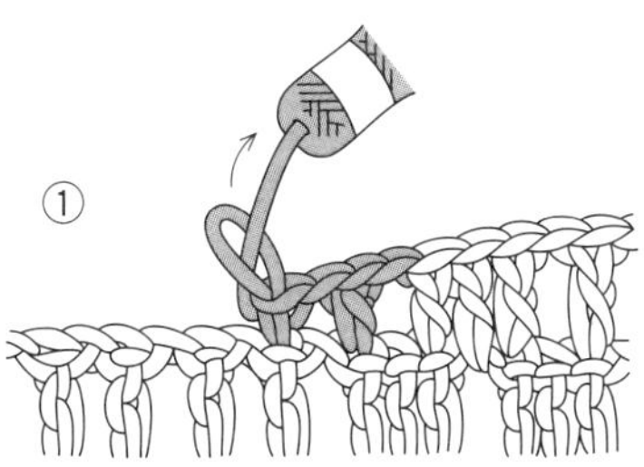

在第1行最后一针，将钩针上的线圈拉长，把线团穿进去，拉紧针目。

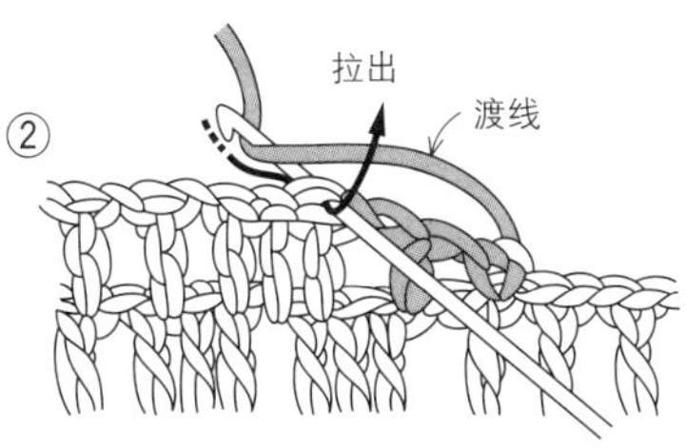

转动织片，将钩针插入指定位置，挂线并拉出。

◁ = 加线
◀ = 剪线
⤻ = 渡线

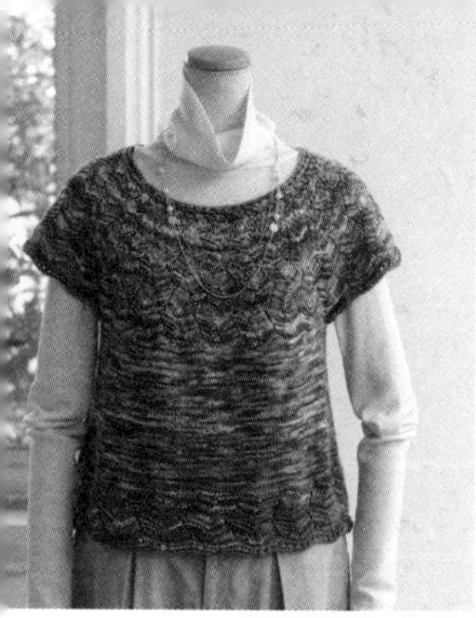

28

28 页

●**材料** Ski Polwarth Plus Hand Dye（粗）玫粉色系（7104）260g/8 团

●**工具** 棒针 6 号、5 号

●**成品尺寸** 胸围 96cm，衣长 48cm，连肩袖长 30.5cm

●**编织密度** 10cm×10cm 面积内：下针编织 22.5 针，30 行；编织花样 22.5 针，31 行（育克）

●**编织要点** 身片从下摆另线锁针起针，前、后身片环形做编织花样 A 及下针编织。育克交界处将前、后身片、袖下的休针分开，后身片往返编织 8 行为前身片的差行。袖口从另线锁针挑针，育克从右后身片开始环形挑针，一边分散减针，一边环形做编织花样 A'。继续在衣领处做边缘编织，一边编织上针，一边松松地伏针收针。下摆解开另线锁针挑针做边缘编织，按照衣领的方法做伏针收针。袖口解开另线锁针挑针，从袖下的休针和前、后身片的差行挑针，做边缘编织。

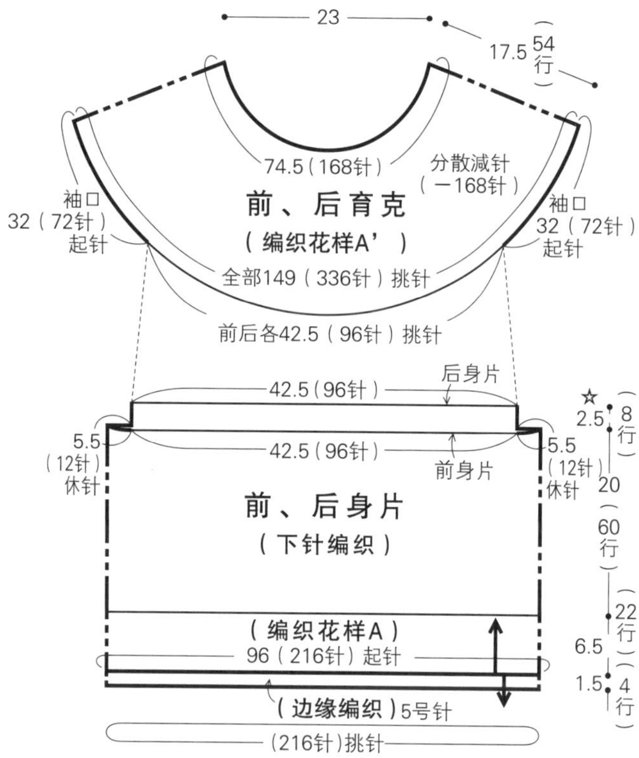

※除指定以外均用6号针编织

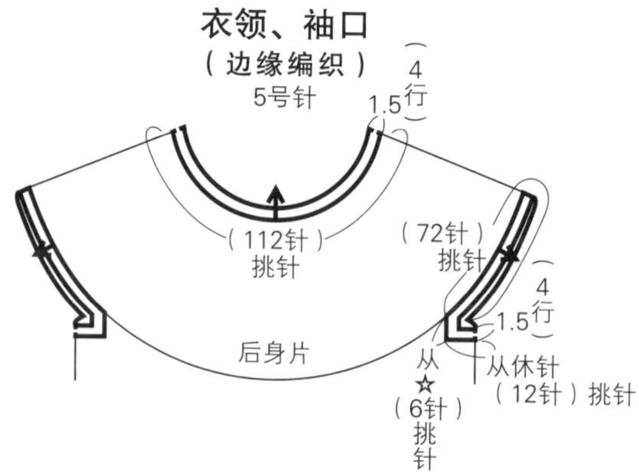

边缘编织（下摆）

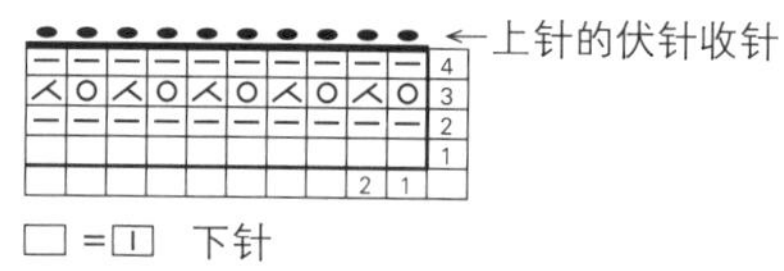

编织花样A

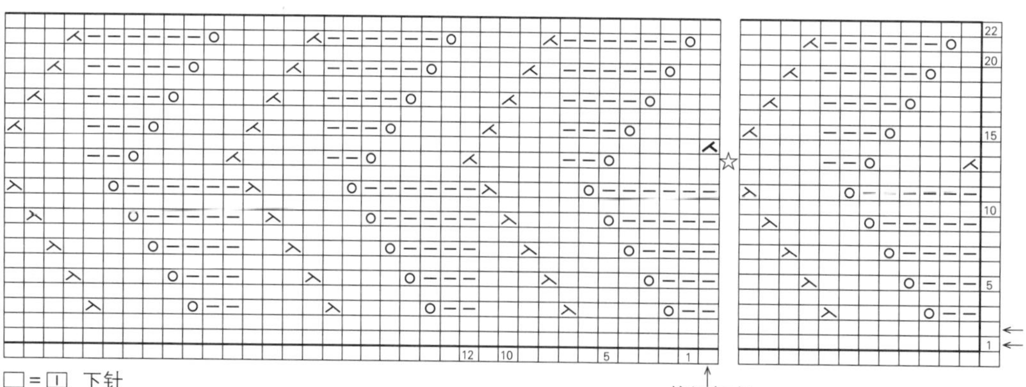

☆＝行的第1针编织下针
编织最后一针时，对齐针目编织2针并1针

编织花样A'（前、后育克的分散减针）

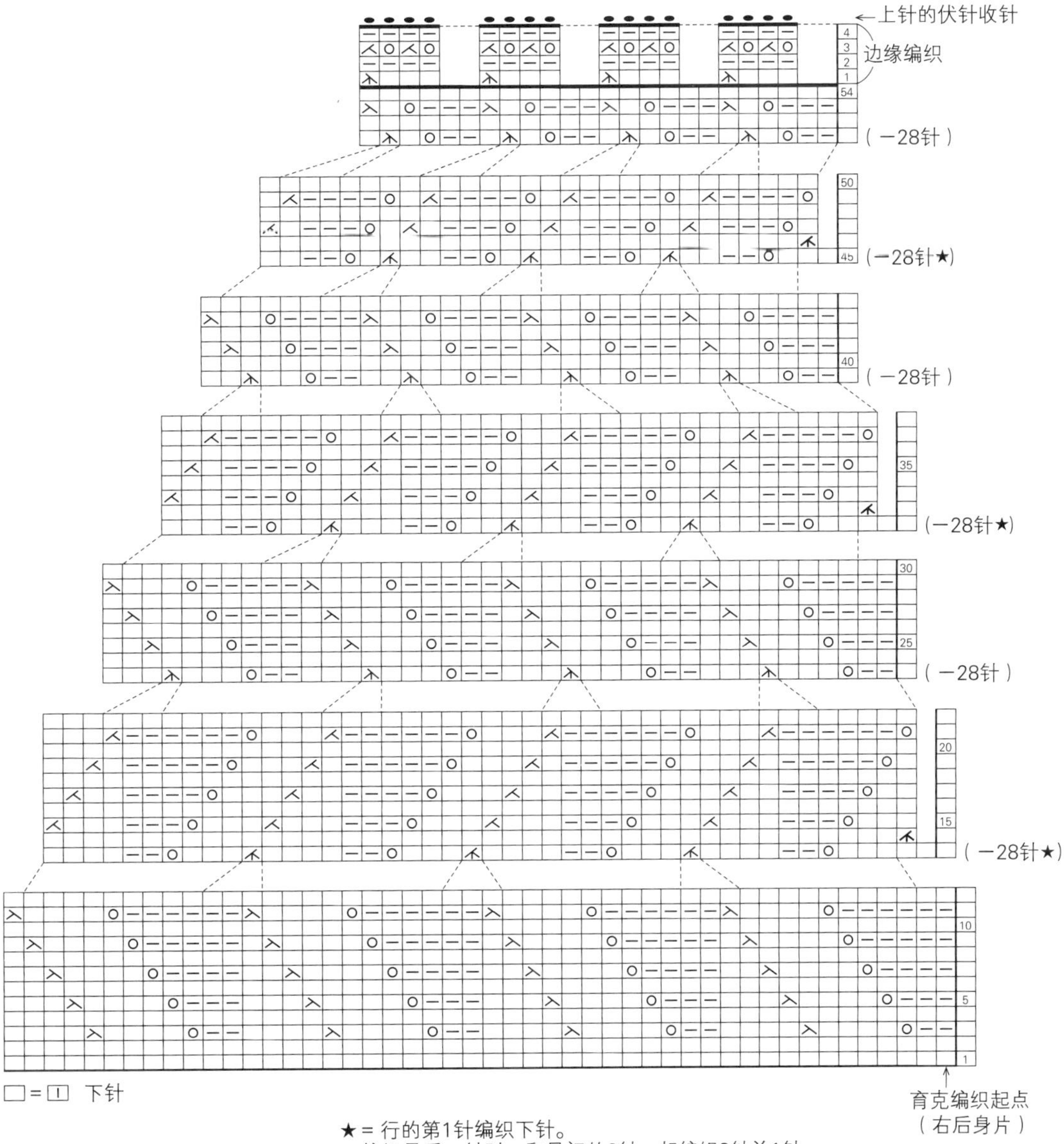

□＝□ 下针

★＝行的第1针编织下针。
编织最后一针时，和最初的2针一起编织3针并1针

※从编织花样上来说，编织起点的位置有所移动，需要注意

31

31页

●**材料** Ski Foggy（粗）灰烬色（2924）180g/6团

●**工具** 棒针6号，钩针5/0号

●**成品尺寸** 胸围95cm，肩宽36cm，衣长50.5cm

●**编织密度** 10cm×10cm面积内：编织花样A 24针，28行；编织花样B 18.5针，28行

●**编织要点** 身片手指起针做编织花样A，按照图示减针做编织花样B。袖窿、后领窝减针时，2针及以上时做伏针减针，1针时立起侧边1针减针。前领窝立起侧边2针减针。肩部做盖针接合，肋部使用毛线缝针做挑针缝合。下摆、前门襟、衣领连在一起做边缘编织，袖口也做边缘编织。钩织罗纹绳，端头系上流苏，缝在前领角。

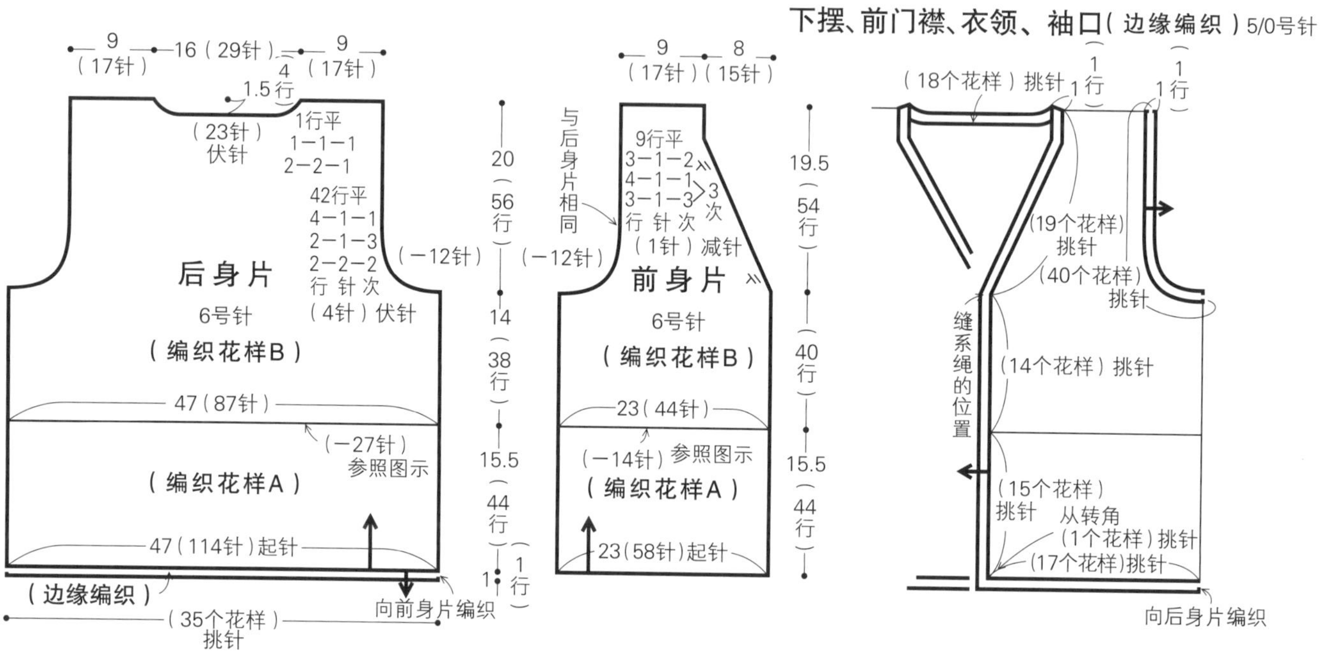

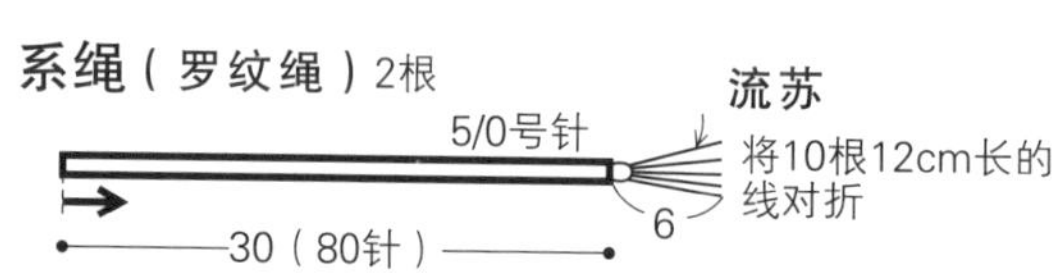

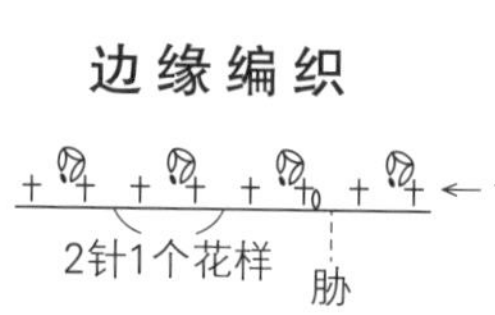

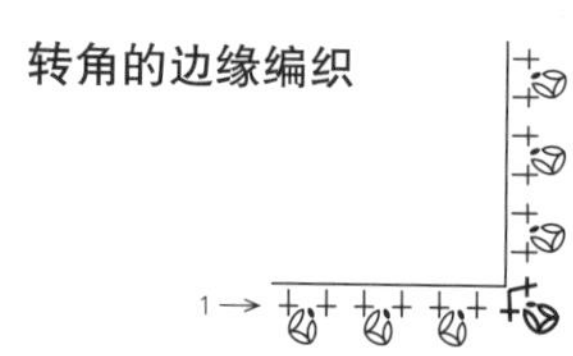

编织花样B

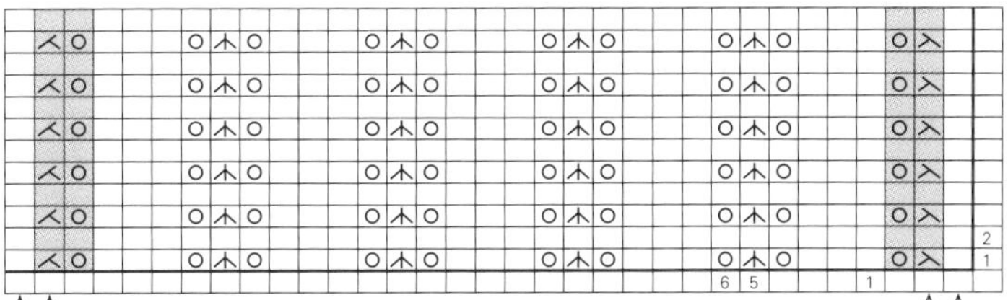

右前身片 后身片、左前身片
编织终点

右前身片 后身片
左前身片
编织起点

※ 右前身片的编织起点□、
后身片、左前身片的编织终点编织下针

※ 除后身片中心的减针（★）以外，其余皆左右对称减针

编织花样A （16针、12行1个花样）

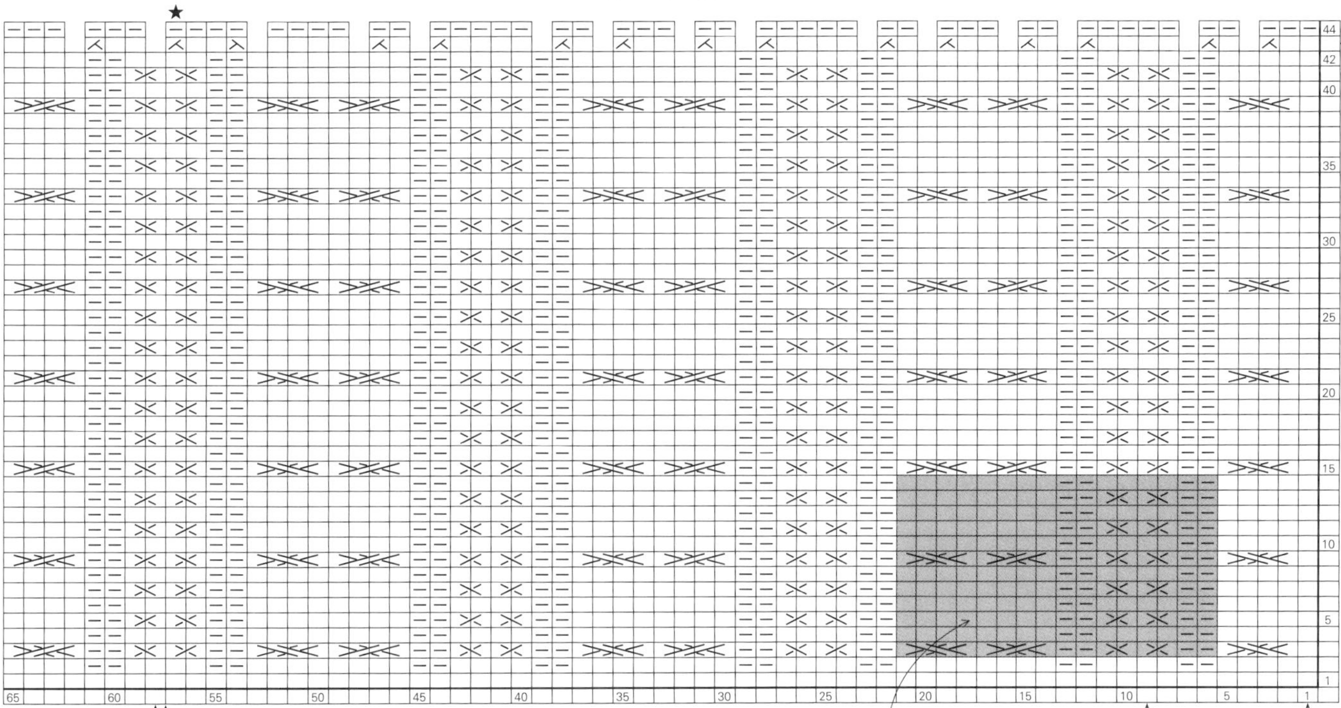

减针

左前身片编织终点

后身片中心

□=▯ 下针

1个花样

右前身片编织起点

后身片
左前身片
编织起点

罗纹绳

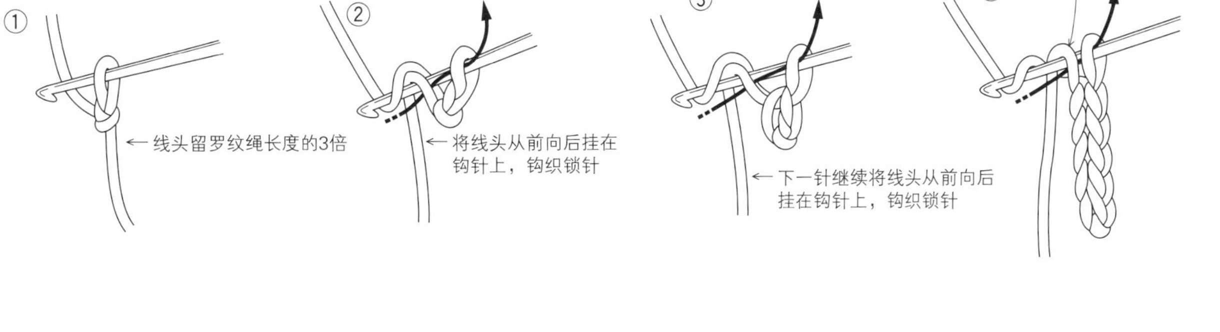

作品08 编织花样B的编织方法

短针的圈圈针（条纹针的情况）

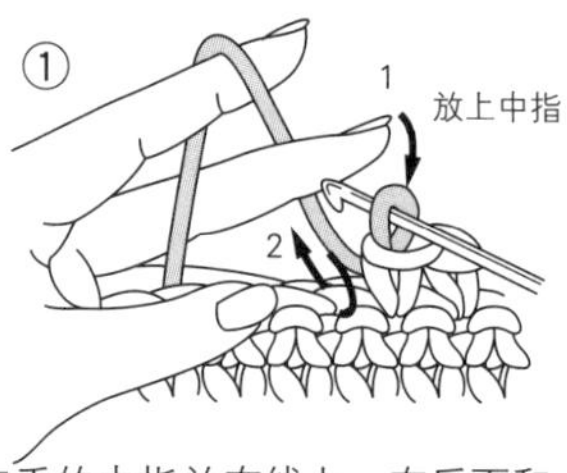

左手的中指放在线上，在后面和织片一起拿好，如箭头所示插入钩针。

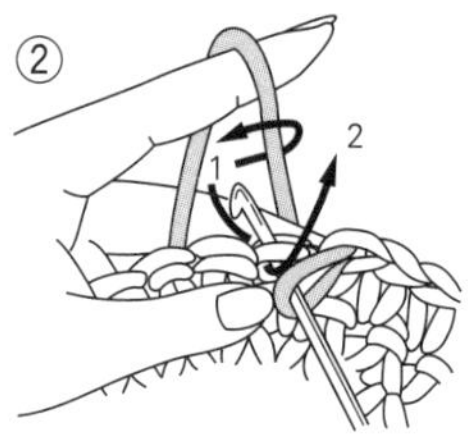

左手中指向下压住线，如箭头所示挂线并拉出。

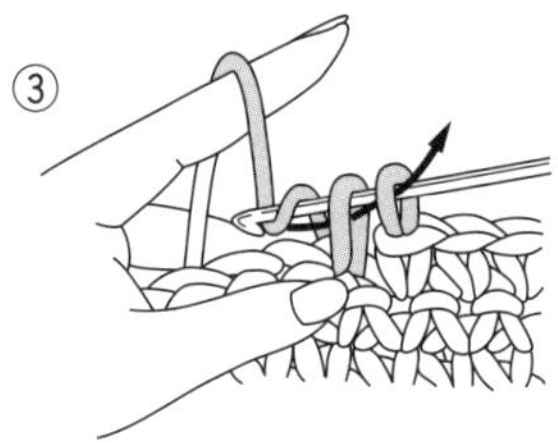

钩织短针，抽出左手中指。

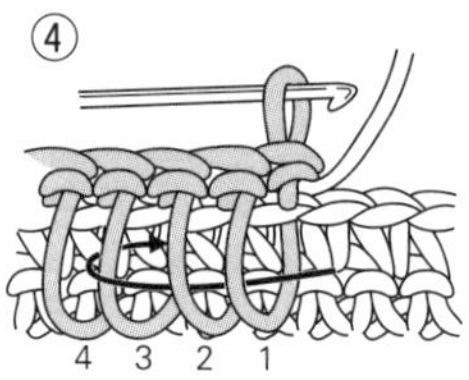

圈圈针出现在织片反面（正面）。下一行将针目3从针目1、2中拉出，钩织短针。针目4按照相同的方法钩织。针目1、2钩织短针。

三卷长针

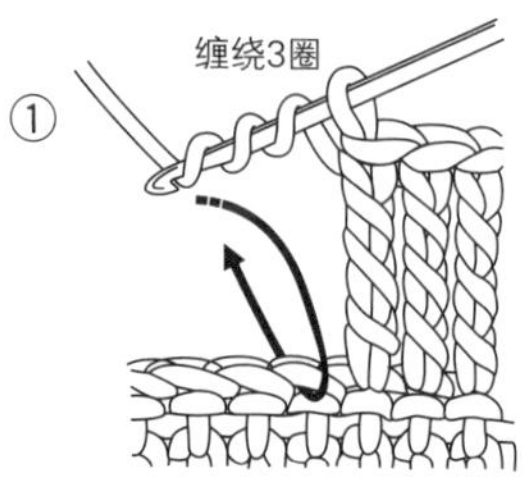

在针上挂3次线，如箭头所示插入钩针并将线拉出。

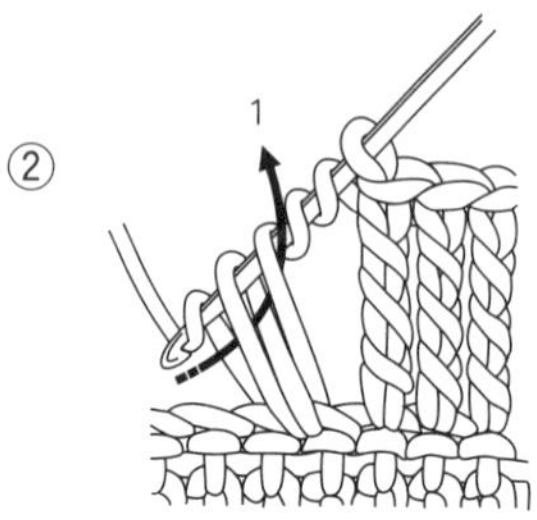

挂线，从钩针上的2个线圈中拉出。

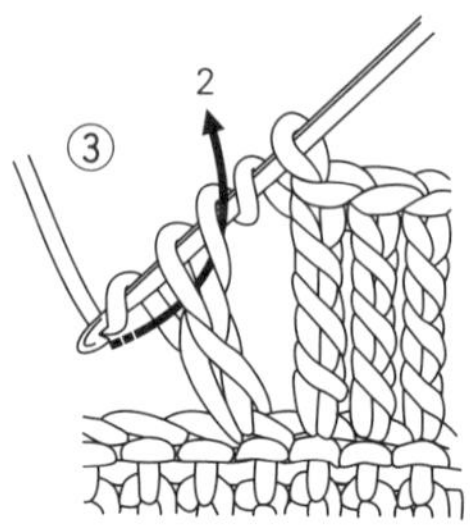

再次挂线，从钩针上的2个线圈中拉出。

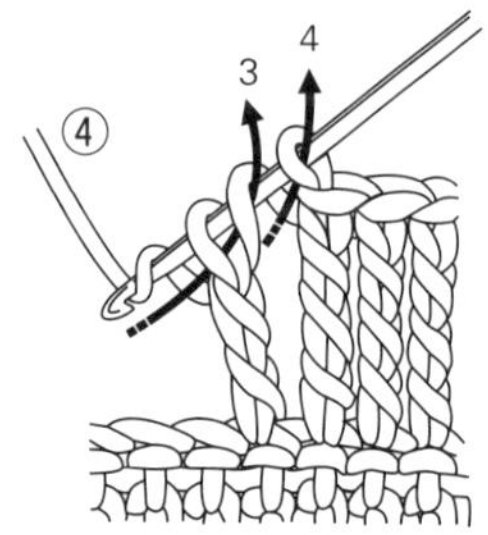

继续挂线并从钩针上的2个线圈中拉出。

长针的反拉针

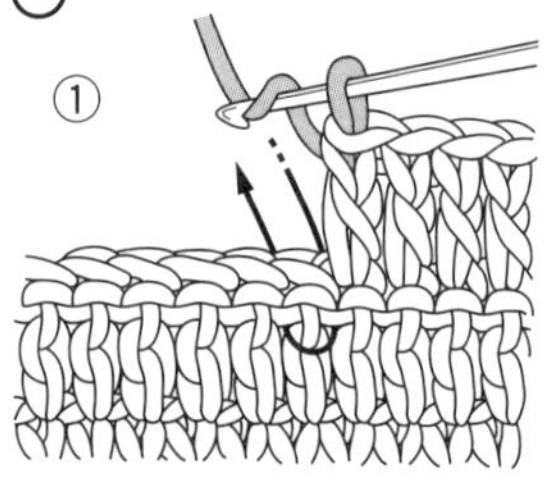

钩针挂线，按照箭头的方向，从反面将钩针插入前一行长针的根部。

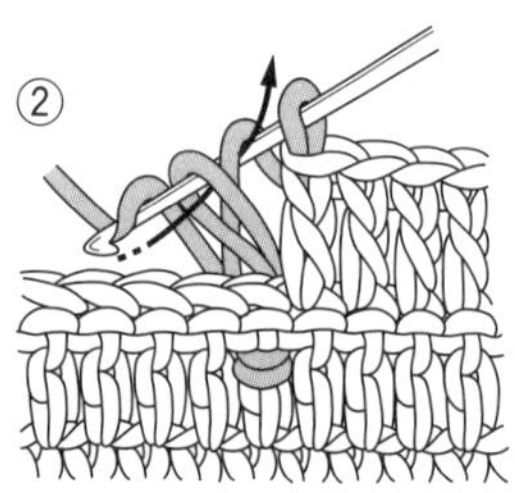

挂线并长长地从2个线圈中拉出。

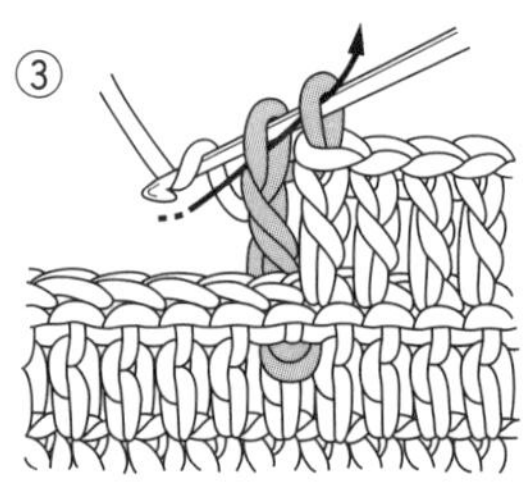

继续挂线，从剩余的2个线圈中拉出，钩织长针。

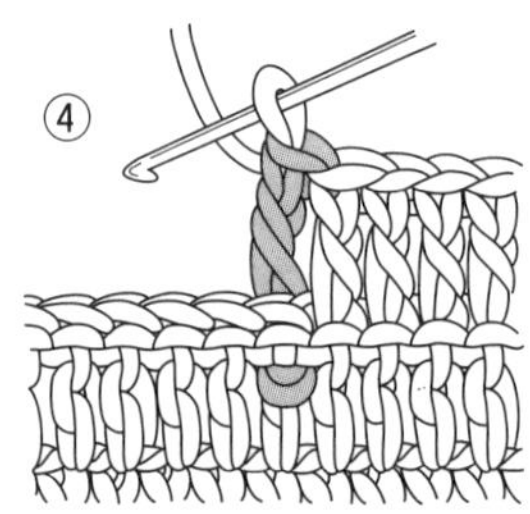

长针的反拉针完成。前一行针目的头部出现在织片前面。

长针的正拉针

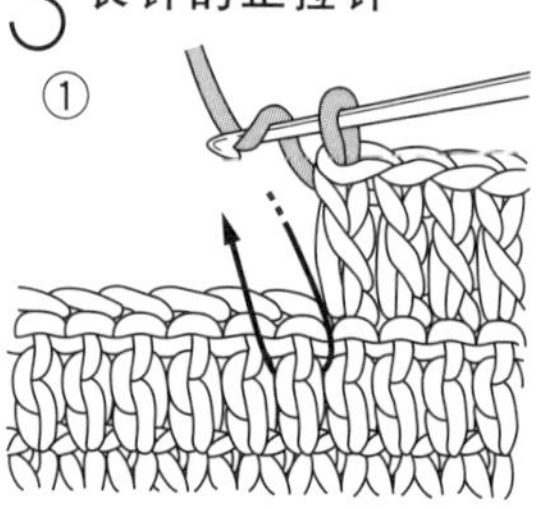

钩针挂线，按照箭头的方向，从正面将钩针插入前一行长针的根部。

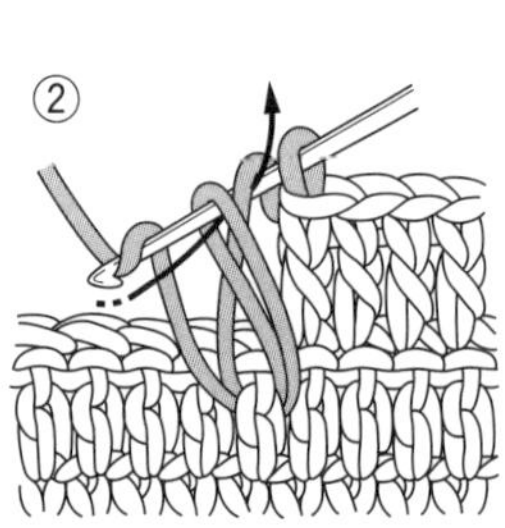

挂线并长长地从2个线圈中拉出。

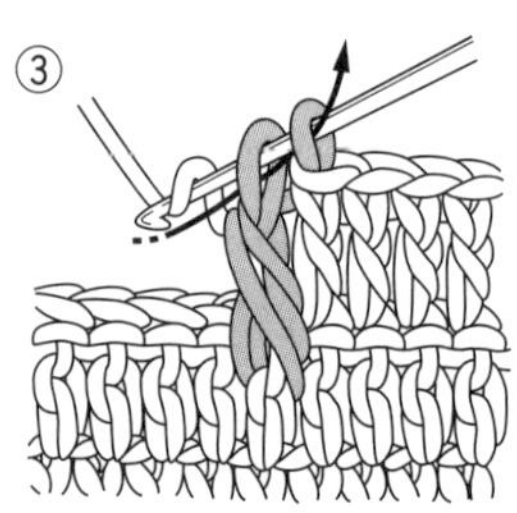

继续挂线，从剩余的2个线圈中拉出，钩织长针。

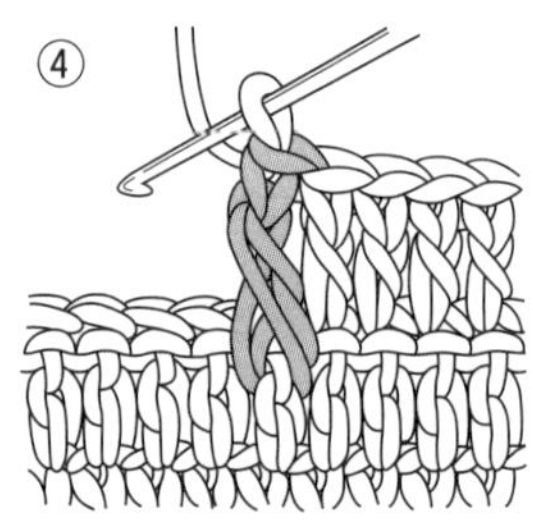

长针的正拉针完成。前一行针目的头部出现在织片后面。

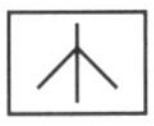

中上3 针并1针

①

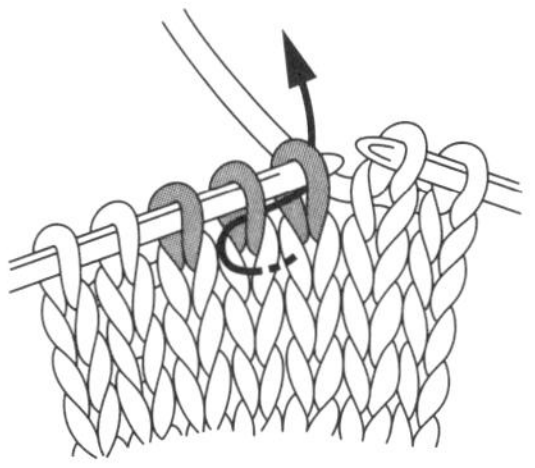

如箭头所示，将右棒针插入右侧2个针目中，不编织直接移至右棒针上。

②

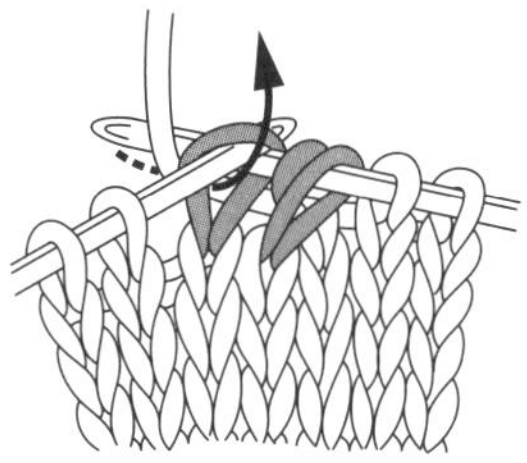

下一针如箭头所示编织下针。

③

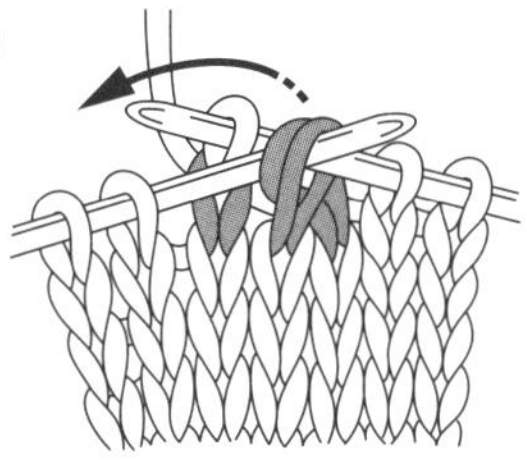

用移过来的2针盖住刚刚编织的针目。

④

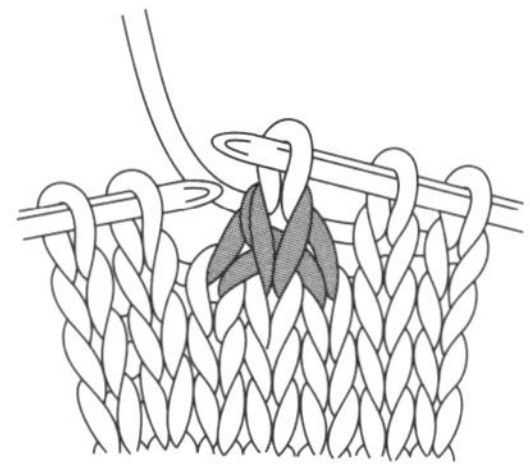

中上3 针并1针完成。

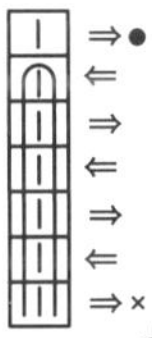

打褶编织（5行的情况）挑起上半弧

①

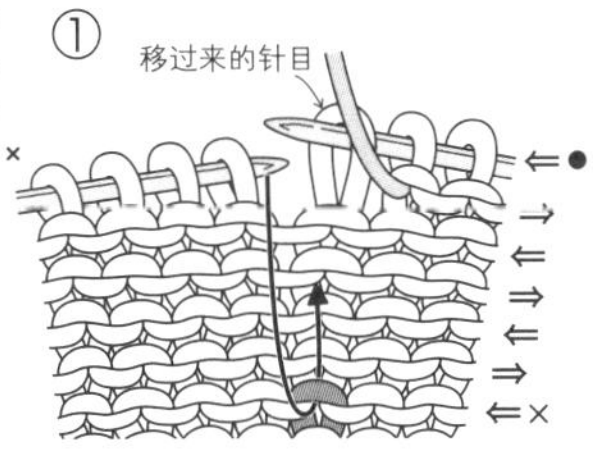

●行从反面编织。如箭头所示，将左棒针插入×行的针目。

②

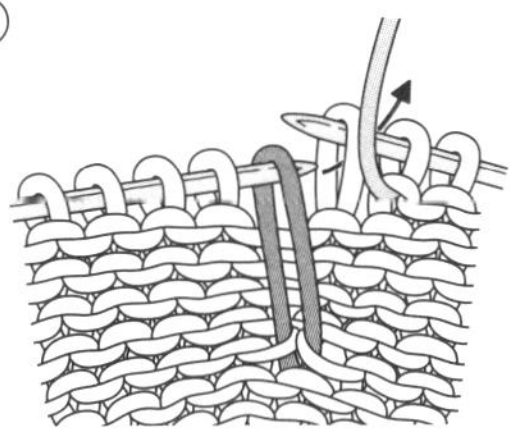

将左棒针插入步骤①移过来的针目。

③

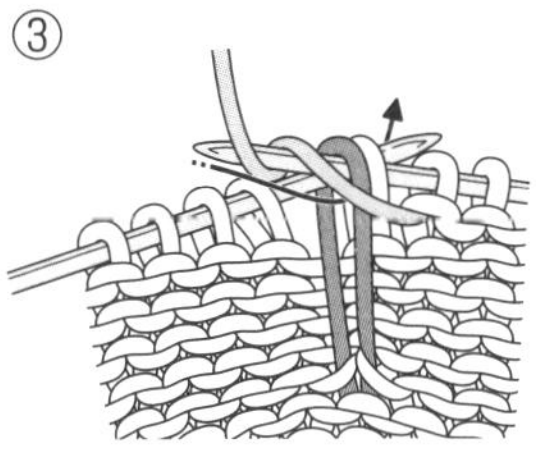

右棒针挂线并编织上针。

④

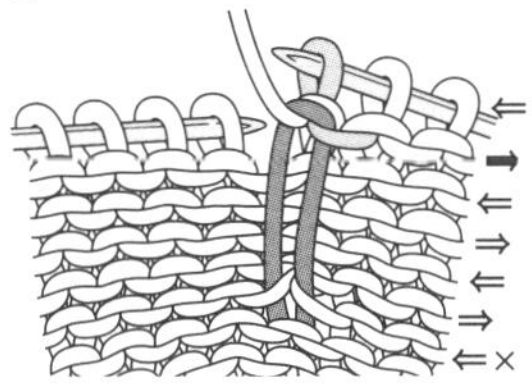

打褶编织完成。

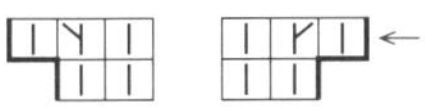

右加针、左加针

右侧 ①

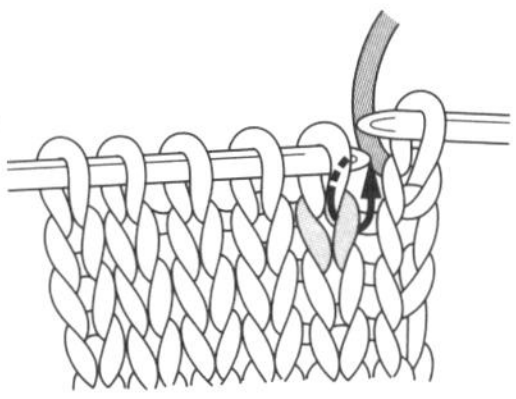

将右棒针插入加针位置前面一行的针目中。

②

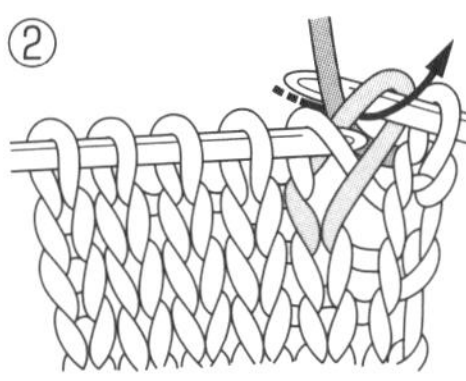

将针目拉出，编织下针。

③

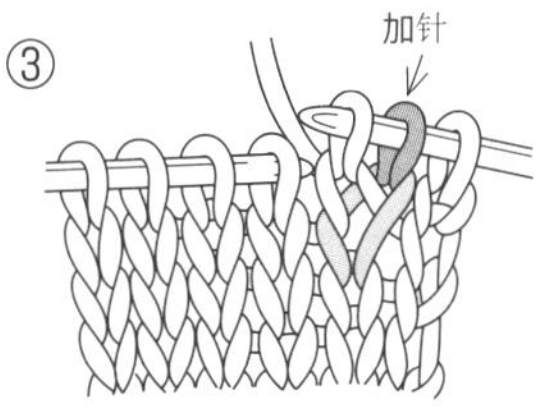

下一针编织下针。右加针完成。

左侧 ①

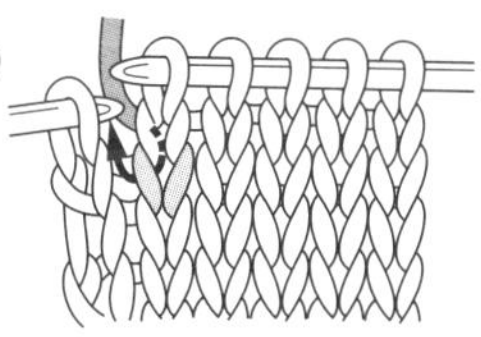

编织至需要加针的针目，将右棒针插入前2行的针目中。

②

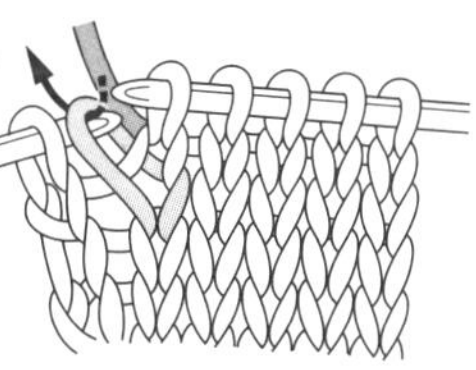

将针目拉出移至左棒针，编织下针。

③

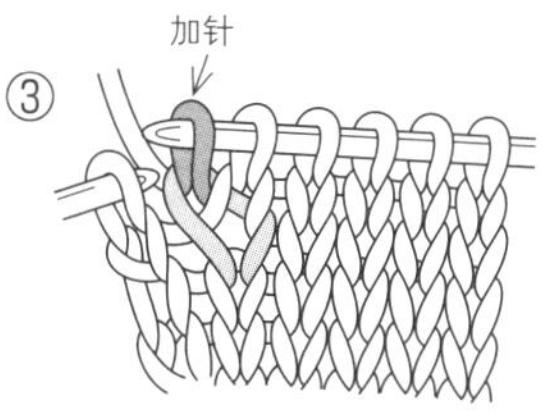

左加针完成。

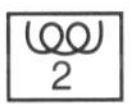

2卷绕线编

①

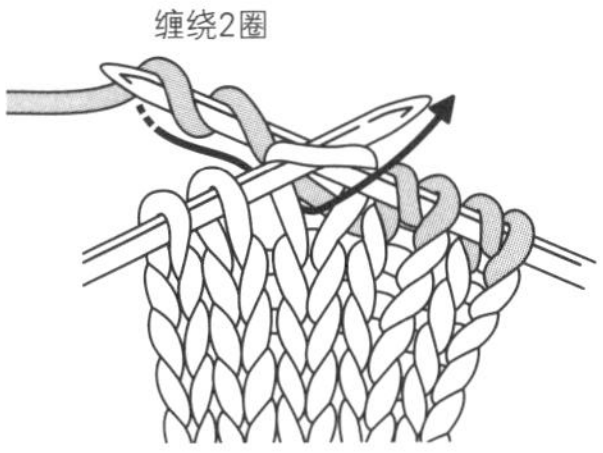

将右棒针插入，挂2次线并拉出。

②

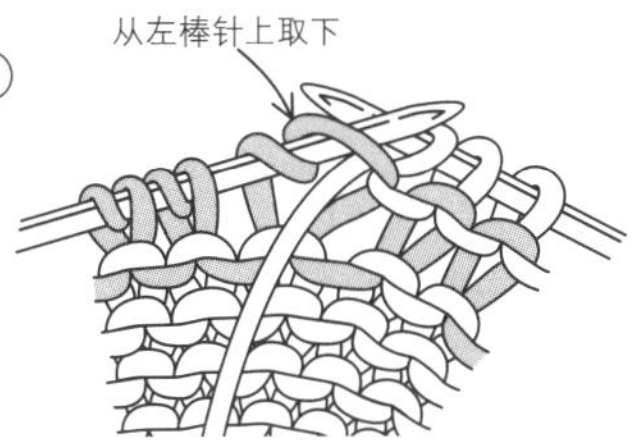

下一行一边取下绕线，一边编织。

③

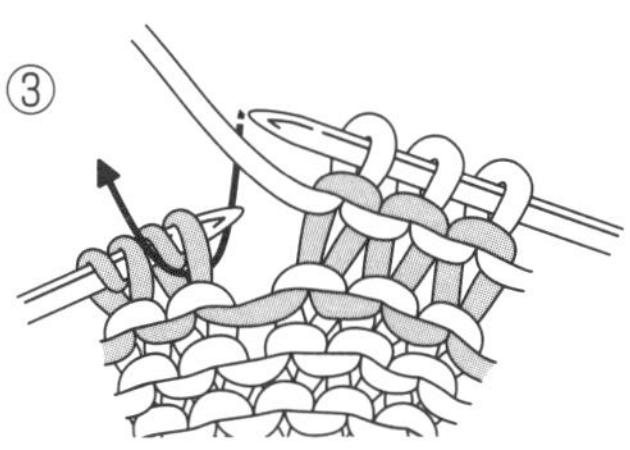

2卷绕线编完成。

Photographers: AKIKO OHSHIMA
Original Japanese edition published in Japan by NIHON VOGUE CO., LTD.,
Simplified Chinese translation rights arranged with BEIJING BAOKU
INTERNATIONAL CULTURAL DEVELOPMENT Co., Ltd.

备案号：豫著许可备字-2019-A-0161

图书在版编目（CIP）数据

唯美手编. 7，暖暖的花样编织 / 日本宝库社编著；如鱼得水译. —郑州：河南科学技术出版社，2020.11

ISBN 978-7-5725-0189-0

Ⅰ. ①唯… Ⅱ. ①日… ②如… Ⅲ. ①毛手工编织—图集 Ⅳ. ①TS935.5-64

中国版本图书馆CIP数据核字（2020）第201334号

出版发行：河南科学技术出版社
地址：郑州市郑东新区祥盛街27号　　邮编：450016
电话：（0371）65737028　　65788613
网址：www.hnstp.cn
策划编辑：刘　欣
责任编辑：刘　欣
责任校对：王晓红
封面设计：张　伟
责任印制：张艳芳
印　　刷：北京盛通印刷股份有限公司
经　　销：全国新华书店
开　　本：889 mm × 1 240 mm　1/16　　印张：6.5　　字数：180千字
版　　次：2020年11月第1版　　2020年11月第1次印刷
定　　价：49.00元

如发现印、装质量问题，影响阅读，请与出版社联系并调换。